采油工程

2019年第3辑

大庆油田有限责任公司采油工程研究院　编

石油工業出版社

图书在版编目（CIP）数据

采油工程.2019年.第3辑／大庆油田有限责任公司采油工程研究院编.—北京：石油工业出版社，2019.9

ISBN 978-7-5183-3529-9

Ⅰ.①采… Ⅱ.①大… Ⅲ.①石油开采 Ⅳ.①TE35

中国版本图书馆CIP数据核字（2019）第165594号

《采油工程》编辑部

地址：黑龙江省大庆市让胡路区西宾路九号采油工程研究院

邮编：163453

电话：0459-5974645

邮箱：cygc@ petrochina. com. cn

出版发行：石油工业出版社

（北京安定门外安华里2区1号　100011）

网　址：www. petropub. com

编辑部：(010)64523589　(0459)5974645

E-mail：cygc@ petrochina. com. cn

经　　销：全国新华书店

印　　刷：北京晨旭印刷厂

2019年9月第1版　2019年9月第1次印刷

880×1230毫米　开本：1/16　印张：5.5

字数：158千字

定价：30.00元

（如出现印装质量问题，我社图书营销中心负责调换）

采油工程
2019年　第3辑

目　次

分层开采

大庆油田多级细分注水技术　王凤山，王群嶷，刘崇江，朱振坤，张激扬　1
变径胀头驱动方式探讨　王黎阳　6
可溶桥塞工具研究现状及发展趋势　孙　江，林忠超，李清忠，赵骊川，姚　飞　10

增产增注

超轻低密支撑剂在致密气藏评价与应用　齐士龙，曲宝龙，赵德钊，张毅博，刘洪波　17
基于树状复杂缝网的致密储层体积压裂裂缝参数优化设计　吕德庆　20
提高三类储层压裂体积改造率研究与应用　孙传伟　25
黏度保留率对三元复合溶液实验结果影响分析　李　亚　29

人工举升与节能技术

井下油水分离同井注采技术在高含水高产液井的应用　周广玲　32
高压水射流套管除垢技术在强碱三元复合驱采出井的应用　赵星烁，徐国民，徐广天，任志刚，祝英俊　36
内涂层耐磨油管在螺杆泵井的应用　李骥楠　42
液力反馈抽油泵的实践与应用　张力晨　47

钻完井与修井

徐深 7-平 1 井钻井设计优化和施工　张　凯，李继丰，潘荣山，白秋月，陶丽杰　51
蒙古国塔 21 区块钻井技术探讨　周连才，杨金龙，朱健军，马金龙　57
四站储气库群先导试验井完井管柱优化设计　安志波　61

油气藏工程及方案优化

CO_2 驱注采井压井优化设计方法研究　刘珂君　65
抽油杆拉扭综合实验机研制与应用　马千惠　70
间抽技术在海拉尔油田采油工程方案中的应用　刘　宝　74

Contents

SEPARATE ZONE PRODUCTION

Multi-stage subdivision water injection technology in Daqing Oilfield
Wang Fengshan, Wang Qunyi, Liu Chongjiang, Zhu Zhenkun, Zhang Jiyang 1
Discussion on driving mode of tapered expansion joint Wang Liyang 6
Research status and development trend of soluble bridge plug tools
Sun Jiang, Lin Zhongchao, Li Qingzhong, Zhao Lichuan, Yao Fei 10

STIMULATION AND STIMULATED INJECTION

Evaluation and application of ultra-light & low-density proppant in tight gas reservoirs
Qi Shilong, Qu Baolong, Zhao Dezhao, Zhang Yibo, Liu Hongbo 17
Optimization design for fractures parameter in volume fracturing of tight reservoirs based on dendroid complicated fracture network Lv Deqing 20
Research and application of improving the ratio of fracturing volume stimulation in tertiary reservoirs
Sun Chuanwei 25
Comparative analysis of influence of viscosity retention rate in strong or weak base ASP solution on oil flooding effect and injection pressure Li Ya 29

ARTIFICIAL LIFT AND ENERGY SAVING TECHNOLOGY

Application of downhole oil-water separation technology for injection-production in the same well with high water cut and high production liquid Zhou Guangling 32
Application of casing scale removal technology by high-pressure water jet in strong-based ASP flooding producers Zhao Xingshuo, Xu Guomin, Xu Guangtian, Ren Zhigang, Zhu Yingjun 36
Application of inner coated wear resistant tubing in screw pump wells Li Jinan 42
Practice and application of hydraulic feedback pumping units Zhang Lichen 47

DRILLING, COMPLETION AND WORKOVER

Drilling design optimization and operation of well Xushen 7 - Ping 1
Zhang Kai, Li Jifeng, Pan Rongshan, Bai Qiuyue, Tao Lijie 51
Discussion on drilling technology for block Ta 21 in Mongolia
Zhou Liancai, Yang Jinlong, Zhu Jianjun, Ma Jinlong 57
Well completion optimization design for pilot test well of Sizhan gas storage group An Zhibo 61

RESERVOIR ENGINEERING AND SCHEME OPTIMIZATION

Research on kill-job optimization design methods for injectors and producers by CO_2 flooding Liu Kejun 65
Development and application of the comprehensive testing machine for tension and torsion of sucker rod
Ma Qianhui 70
Application of intermittent pumping technology in oil production project of Hailar Oilfield Liu Bao 74

大庆油田多级细分注水技术

王凤山，王群嶷，刘崇江，朱振坤，张激扬

（大庆油田有限责任公司采油工程研究院）

摘　要：针对大庆油田开发后期“精细注水”要求，为解决小隔层、小卡距细分及在7段以上细分井高效率测调的难题，研究并形成了多级细分注水及高效测调技术。通过研制正向、反向桥式偏心配水器和集成桥式偏心配水封隔器，实现了1m以下小卡距卡封，长胶筒和双组胶筒封隔器能够满足0.5m小隔层开发需求；过电缆逐级解封封隔器实现了在7段以上井对地面负荷小于30t；通过下入井下智能测调仪，实现分层高效测调，有效缩短测调周期。多级细分注水技术为油藏动态分析及注采关系调整提供了在线数据支持，为数据化、智能化和智慧化油田建设提供技术支撑。

关键词：大庆油田稳产；细分注水；逐级解封；高效测调；智能注水

大庆油田开发60年来，分层注水技术不断更新换代，较好地减缓了油田开发层间矛盾，为油田上产、稳产提供了技术支持。根据油田各开发阶段需求，油田低含水期形成了以固定式和活动式为代表的第一代分层注水技术，解决了笼统注水单层突进问题，从而支撑了油田开发快速上产；油田中含水期形成了以偏心和桥式偏心为主体的第二代分层注水技术[1-2]，使非主力油层得到有效动用，支撑了油田高产、稳产开发；油田高含水期形成了多级细分及高效测调第三代分层注水技术，使薄差储层得到有效动用，支撑了油田长期稳产；油田特高含水期攻关研究了第四代分层注水技术，为“数据油田，智能油田和智慧油田”开发提供了技术支持[3]。

1 大庆油田分层注水技术

截至2018年底，大庆油田水驱分注井数27164口，水驱分注率达到88.8%（图1），平均单井注水

图1　大庆油田分注情况示意图

第一作者简介：王凤山，1962年生，男，教授级高级工程师，现主要从事采油工程领域技术研发工作。

邮箱：wangfengs@ petrochina. com. cn。

层段数为3.97段；对比2010年，单井平均注水层段数增加0.35段，水驱分注率提高6.8个百分点。水驱分注技术规模应用和分注指标持续提升，为油田开发控制含水上升和产量递减做出了贡献。

油田进入高含水开发阶段，水驱开发逐步从“精细”向“精准”转变，提出了“加细注水层段”的精准调整要求。通过大庆油田现场试验统计，注水层数可由4段增加到7段，提高油层动用程度6~8个百分点，数值模拟可提高采收率0.88个百分点。

2 多级细分及高效测调工艺技术

随着油田进入高含水开采阶段，按照“加细注水层段”的开发调整要求，大庆油田发展的多级细分注水技术面临如下3个难点。

（1）薄、差油层进一步细分注水带来了小卡距和小隔层问题，要求分注管柱最小卡距由6m缩小到1m，隔层由3m缩小到0.5m。

（2）分注层段数增多将导致封隔器级数增加，5层段管柱最高解封力可达到30t以上，超过一般作业设备所能承受最大载荷，管柱解封困难。

（3）分注井数、单井细分层段数增多和测调周期加密使测试工作量增加，现有测试队伍测调能力不能满足油田测试工作量大幅度增加需求。

2.1 适用于小隔层、小卡距的多级细分注水工艺管柱

多级细分注水工艺研究初期，由现场试验发现，偏心配水器的6m最小卡距是制约细分注水的一个主要因素，原因是投捞器至少需要6m以上的间距才能保证投捞过程不发生投错层的情况。因此攻关研制了正、反导向桥式偏心配水器，投捞时正导向投捞器对应正导向配水器中的堵塞器，反导向投捞器对应反导向配水器中的堵塞器。两个导向桥式偏心配水器之间投捞互不干扰，将卡距缩短到3m[4]。

针对不足3m卡距的特殊情况，研制形成了集成桥式偏心配水封隔器，一级封隔器即可满足两个层段的配注，可将卡距缩短到1m以内，偏孔内投入集成式可调堵塞器，1套工具可满足2个层段配水。多级细分注水工艺管柱结构示意图如图2所示。同时研制了长胶筒和双组胶筒封隔器，使最小隔层厚度缩小到0.5m，保证有效密封。

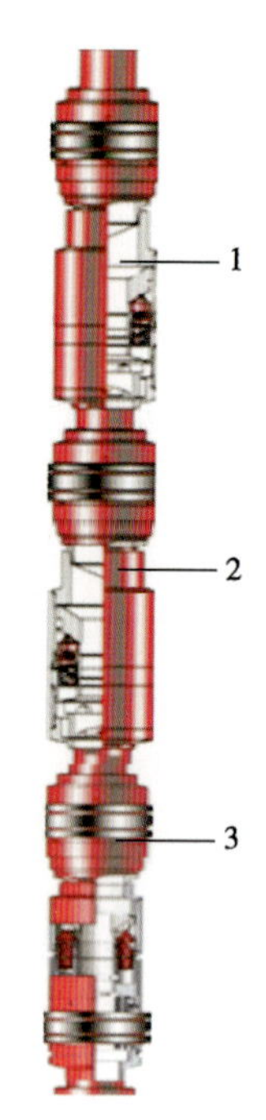

图2　多级细分注水工艺管柱结构示意图
1—正导向桥式偏心配水器；2—反导向桥式偏心配水器；3—集成桥式偏心配水封隔器

2.2 逐级解封封隔器

针对5段以上细分管柱解封力将超过地面井架负荷问题，攻关研究了逐级解封封隔器。在作业上提管柱时，第一级逐级解封封隔器首先进行解封，随后其他封隔器依次重复解封动作，保证了井架所承受的负荷始终为一级封隔器的解封力加全井管柱的重力，最终实现30t以内的解封力[5]。

2.3 高效测调工艺技术

高效测调工艺（图3）主要由地面控制系统、防喷系统、井下智能测调仪等组成。采用边测边调的方式进行流量测试和调配，只需一次下井即可实现全井测调，改变了原测试仪器需多次下井完成各层段测试调配的方式。测调仪随电缆下入井内，由下至上完成全井的初次检配，然后根据检配结果和配注方案对各目的层段进行调配，地面实时监测井下目的层段流量、压力、温度等参数变化，直至被测流量与配注方案偏差小于规定值即完成该层段调配。

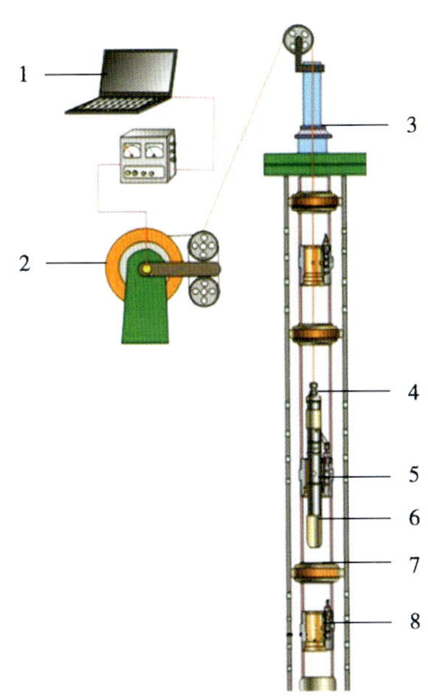

图 3　高效测调工艺示意图

1—地面控制系统；2—电缆绞车；3—防喷系统；4—电缆头；5—配水器；6—井下智能测调仪；7—封隔器；8—连续可调堵塞器

2.3.1 连续可调堵塞器

连续可调堵塞器（图 4）实现了免投捞测试，相较于固定堵塞器测调精度大大提高，具有防砂功能，解决了原堵塞器无法对水量连续调节的问题。连续可调堵塞器通过电动机驱动螺杆，螺杆带动阀芯进行轴向运动，阀芯位置的变化对应进液口过流面积的改变，是高效测调工艺技术的主要组成部分。

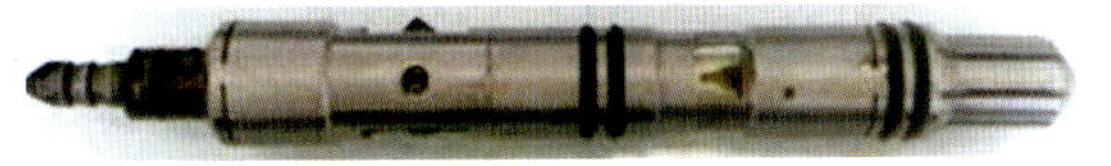

图 4　连续可调堵塞器实物图

2.3.2 井下智能测调仪

井下智能测调仪（图 5）由控制、测量和执行 3 个机构组成，与连续可调堵塞器配合使用。仪器具有上、下双流量计结构设计，与连续可调堵塞器对接后，可以调节检测状态，完成压力、流量和温度等参数的采集功能。

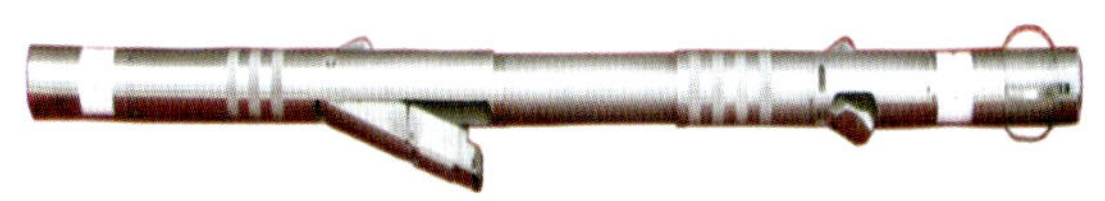

图 5　井下智能测调仪实物图

2.3.3 电动验封仪

电动验封仪（图 6）可通过电缆直读井下验封情况和仪器的工作状态，设有密封机构，保证验封效果；由两个独立电动机分别控制皮碗和支撑臂的动作，实现仪器下井一次验封，成功率达到 93.3%，验封测试效率比原来提高一倍以上。

图 6　电动验封仪实物图

2.3.4 地面控制系统

地面控制系统（图 7）由控制软件和地面控制箱组成。工作电压为 220V 交流电，使用的电缆由井下智能测调仪、电动验封仪等供电，通过计算机的控制软件实现电流监测、电压控制，以及数据和指令的发送、接收等功能。

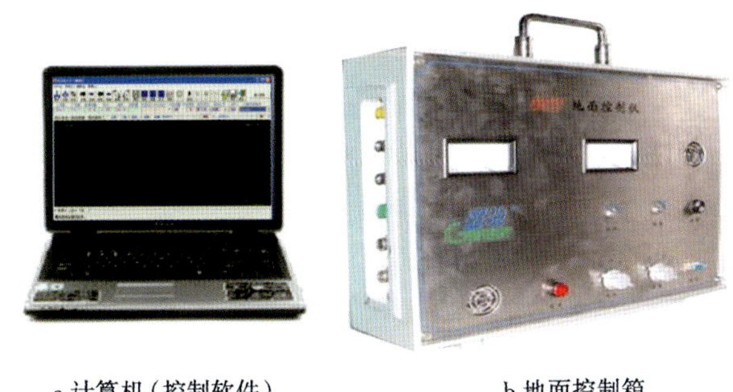

a.计算机（控制软件）　　b.地面控制箱

图 7　地面控制系统实物图

2.4 现场应用

多级细分及高效测调工艺技术已在国内外油田广泛推广应用，截至 2018 年 12 月，大庆油田 5 段以上细分工艺技术现场应用 9056 口井（图

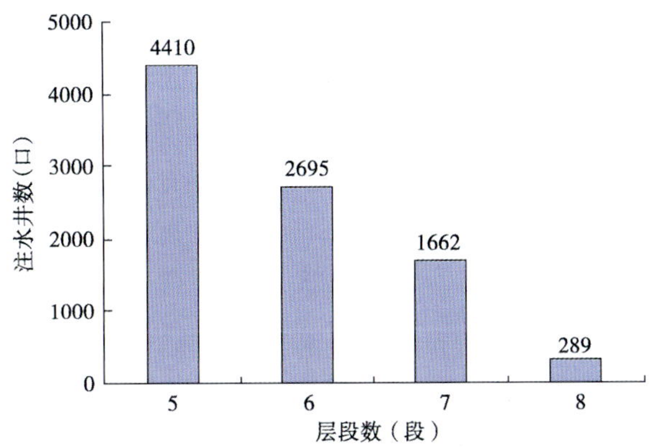

图 8　5 段以上细分注水层井数量示意图

8），累计应用192000井次，注水合格率87.7%。平均7段井单井测调时间由6.8天缩短到4天；最小卡距从6m缩小到0.7m，最小隔层距离缩小到0.5m。

统计现场7段以上细分注水井80口多级细分注水井的周围受效采油井数据（表1），平均单井日产油量上升0.04~0.67t，平均单井含水率下降0.13~0.94个百分点。

表1 7段以上细分注水井效果统计表

厂别	井数		细分前注水井		细分前连通采油井			细分后注水井		细分后连通采油井			差值	
	细分（口）	连通采油井（口）	平均单井层段数（段）	砂岩吸水厚度比例（%）	平均单井日产液量（t）	平均单井日产油量（t）	含水率（%）	平均单井层段数（段）	砂岩吸水厚度比例（%）	平均单井日产液量（t）	平均单井日产油量（t）	含水率（%）	日产油量（t）	含水率（%）
一厂	30	99	4.4	43.5	64.2	5.50	91.43	7	72.9	68.6	5.80	91.55	0.30	+0.12
三厂	22	60	3.7	58.9	63.7	3.69	94.20	7	63.3	64.2	3.81	94.07	0.12	-0.13
四厂	15	30	5.6	38.8	54.3	3.46	93.63	7.4	46.4	56.5	4.13	92.69	0.67	-0.94
五厂	13	54	4.6	46.3	20.6	1.42	93.11	7	51.5	20.3	1.46	92.81	0.04	-0.30

统计2016年喇南中块西部46口井，细分后各厚度储层的吸水层数比例和砂岩吸水厚度比例均有增加，细分前后区块动用得到有效提高，对比情况如表2所示。

表2 区块细分调整前后动用情况对比表

单位：%

厚度 h 分级	细分调整前比例		细分调整后比例		差值	
	层数	砂岩吸水厚度	层数	砂岩吸水厚度	层数	砂岩吸水厚度
$h \geq 2m$	82.4	88.5	86.2	91.4	3.8	2.9
$1m \leq h < 2m$	76.2	83.6	83.6	88.1	7.4	4.5
$0.5 \leq h < 1m$	75.7	79.7	80.2	82.9	4.5	3.2
$h < 0.5m$	72.3	74.0	77.0	81.3	4.7	7.3
表外储层	68.8	71.2	70.6	76.5	1.8	5.3

3 注水井连续监测及自动测调技术

随着多级细分及高效测调技术日趋成熟，大庆油田开始探索自动化、智能化注水测调技术，开展了注水井连续监测及自动测调技术研究。注水井连续监测及自动测调（图9）技术由智能注水工艺管柱及地面无线控制系统组成。其中智能注水工艺管柱主要由智能配水器、电缆和过电缆封隔器组成；地面无线控制系统主要由地面控制箱、McWill网络和服务器组成。现场施工时应用电缆连接器实现工具之间电缆的对接，数据通过地面无线控制系统传输至服务器，实现远程监测及调控[6-7]。

截至2018年底，大庆油田共开辟了3个试验区块，注水井连续监测及自动测调技术应用在运行井共111口。其中采油一厂试验区现场试验54口井，检配合格率提高13.8个百分点，测试合格率提高3.4个百分点，±20%以内精准配注层占比提高17个百分点，最高层段数为7段，平均单井测调时间在1h以内。

注水井连续监测及自动测调技术在具备多级细分注水技术优势的基础上可大幅度提高测调效率，并实现井下压力、流量等参数的长期连续监

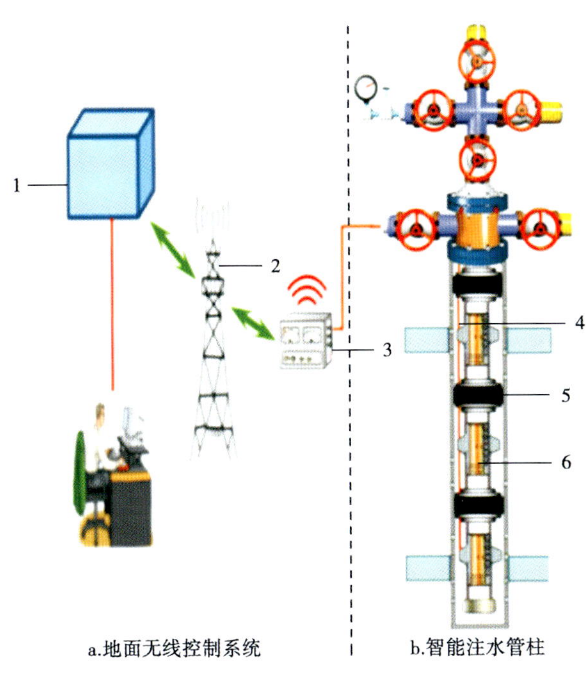

图 9　注水井连续监测及自动测调示意图

1—服务器；2—McWill 网络；3—地面控制箱；4—电缆；5—过电缆封隔器；6—智能配水器

测。但工艺水平还处在研究完善阶段：（1）在硬件方面，仍面临着井下工具故障率偏高，电器元件寿命较短的问题，需进一步强化工艺稳定性。（2）在软件方面，系统具备与大庆油田 A2 及 A5 系统数据互传的功能；但是随着数据量的增多，需建立注水井智能分析管理平台，将调配方案输入平台系统，系统根据注水井分层数据自动生成最优注水方案，并根据指令自动调配对应注水井各层水量，实现自动报表曲线展示、远程测调、超差报警、在线验封、分层静压测试等功能。无线远程控制系统传输距离和速率还需进一步加强，系统指令规范制订要继续完善。在成本控制方面，加大推广规模，进一步降低成本，最终实现从第三代多级细分注水技术向第四代智能分层注水技术的跨越，为储量有效动用及油田数字化、信息化建设提供支持。

4 结　论

（1）多级细分注水工艺能够较好地实现低渗透、薄差储层的注水和测试要求，解决了技术“瓶颈”难题，无需更换作业设备，节省了工艺成本。技术规模应用提高分层注水质量，使层间及层内剩余油得到有效挖潜，改善了油田开发效果。

（2）高效测调技术大幅度提高了注水井的测调效率，降低了测调工作量和成本，解决了多级细分技术带来的井数、层段数增多和测调周期缩短与测试队伍能力不足的矛盾。

（3）注水井连续监测及自动测调技术可实现井下流量、压力的实时监测及注入量连续调节，真实反映了注水井各层段注水情况，满足了油田特高含水期精准开发需要。

（4）随着油田注水技术的发展，第四代注水技术会为油藏动态分析及注采关系调整提供在线数据支持，可为数据化、智能化和智慧化油田建设提供技术支撑。

参考文献

[1] 刘合，闫建文，薛凤云，等．大庆油田特高含水期采油工程研究现状及发展方向［J］．大庆石油地质与开发，2004，23（6）：65-67.

[2] 徐德奎，朱振坤，金宝林，等．多级细分注水工艺及配套测试技术的研究与应用［G］//大庆油田有限责任公司采油工程研究院．采油工程 2011 年第 2 册．北京：石油工业出版社，2011：9-12.

[3] 张凤辉，洪海，于雷，等．注水井高效测调工艺技术及应用［G］//大庆油田有限责任公司采油工程研究院．采油工程 2011 年第 2 册．北京：石油工业出版社，2011：16-18.

[4] 贾德利，赵常江，姚洪田，等．新型分层注水工艺高效测调技术的研究［J］．哈尔滨理工大学学报，2011，16（4）：90-94.

[5] 刘君．大庆油田分层配产技术综述［J］．油气田地面工程，2008，27（10）：70.

[6] 徐德奎，刘军利，刘崇江．大庆油田智能分层注水技术研究与应用［G］//大庆油田有限责任公司采油工程研究院．采油工程 2019 年第 1 辑．北京：石油工业出版社，2019：1-9.

[7] 赵欣．新型分层注水工艺智能测调技术的研究［J］．化学工程与装备，2016（1）：50-52.

变径胀头驱动方式探讨

王黎阳

（大庆油田有限责任公司采油工程研究院）

摘　要：为解决变径胀头驱动问题，探讨研究了自上而下和自下而上两种变径胀头不同驱动方式。通过室内实验，分别采用两种方式，方式一，动力缸提供变径胀头变径所需动力并通过压力的高低变化使换向阀改变液体流向从而使动力缸产生往复运动，驱动变径胀头变径；方式二，在变径胀头遇阻需缩径时，采用外力提拉胀头，使其缩径过遇阻段后通过打压使其动力系统驱动变径胀头恢复最大外径。通过对实验数据的比较分析，得出了两种方式各自的优缺点，建议采用机械提拉式变径更可控。该结论对变径胀头的研究有一定的指导意义。

关键词：变径胀头；变径；膨胀管；加固；筛管完井

膨胀管技术于20世纪80年代晚期诞生于壳牌石油公司[1]，是一种由低碳钢经特殊加工而制成的套管，由于含碳量低，膨胀管比普通套管柔性好，可塑性强[2]，并且该技术目前在国内已经开始大规模推广应用。

国内外的膨胀加固技术主要有3种方法：预制胀头单级缸膨胀加固[3]、多级缸膨胀加固、旋转膨胀加固。（1）预制胀头单级缸膨胀加固具有工具简单、易于操作的优点，遇阻时可用机械拉力完成膨胀过程，但当阻力很大时，若没有好的解决方式，只能通过大修作业或者直接报废，且膨胀管下有底堵，需要下磨铣管柱钻掉[4]；（2）多级缸膨胀加固，所需地面泵的压力较低，施工安全性较高。但该膨胀系统工具较多，且单行程多次膨胀，现场操作烦琐，对水力锚要求较高，在遇阻时亦无好的解决方案；（3）旋转膨胀加固，其优点在于摩擦力低，扩管所需的力可降低90%；缺点是工序烦琐，起下管柱次数较多，遇到长膨胀管时该缺点尤其显著，但在遇阻时亦无好的解决方案。

在膨胀加固施工过程中有时会遇阻，造成该情况的出现多半是由于待加固井段磨铣不彻底，或者因为施工过程中产生落物卡在施工井段等其他原因造成的局部膨胀压力过高，无论采取哪种方式进行膨胀都没有好的解决方式。因此进行了变径胀头驱动方式的探讨研究，变径胀头不但可应用在上述情况，且在筛管完井过程中，亦可应用变径胀头通过管外封隔器将筛管很好地膨胀开，紧贴在地层上。

1 结构和原理

变径胀头是用来胀开膨胀管的，主要由中心管、上连接体、上牙块、下牙块、下连接体等部件组成，采用固定外径中心管作为内支撑，牙块采用键槽式结构，实物如图1所示。

膨胀作业时，通过液压驱动使变径胀头以最大径状态（图1），以自下而上方式或自上而下方式胀开膨胀管，使其紧贴在套管内壁完成施工；当变径胀头受力过大遇阻时，驱动胀头变径装置

作者简介：王黎阳，1972年生，男，工程师，现主要从事套损井密封加固技术方面工作。

邮箱：wangliyang@ petrochina. com. cn。

开始工作，将胀头拉开使其外径变小，以最小径状态（图 2）通过遇阻井段，并在通过该井段后驱动装置再次工作，使变径胀头闭合，再次以最大径状态通过剩余部分，完成整个施工。

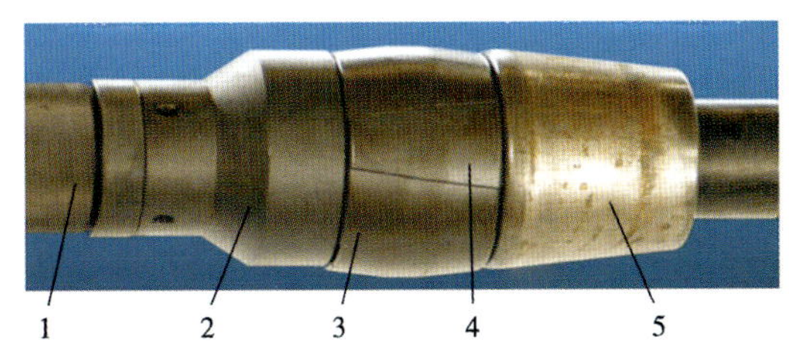

图 1　变径胀头实物图

1—中心管；2—上连接体；3—上牙块；4—下牙块；5—下连接体

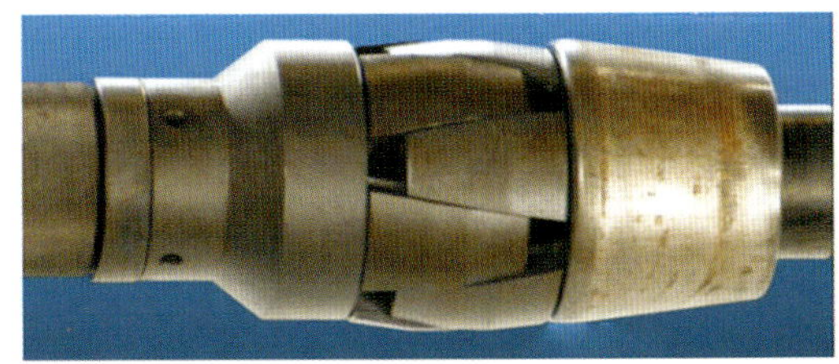

图 2　变径胀头缩径实物图

按照变径胀头的移动方向，膨胀加固作业分为两种作业方式：一种是自上而下方式，另一种是自下而上方式。在不同的作业方式中，变径胀头的驱动方式也不相同。

2 液压变径方式

液压变径方式适用于自上而下方式胀开膨胀管的施工，其工具串主要由皮碗、膨胀管、中心管、连杆、动力缸、换向阀等组成，其中驱动胀头变径装置为动力缸及换向阀。模拟实验装置如图 3 所示。

采用外径 114mm、壁厚 5mm 的膨胀管进行实验，变径胀头最大外径为 112mm，最小外径为 106mm，锥角角度为 12°[5]，约束环内径为 117mm。向膨胀管内打压，当压力达到 31MPa 时，皮碗推动变径胀头以最大外径进行膨胀；当到达约束环时，压力上升至 46MPa，此时换向阀工作，带动动力缸拉开变径胀头，以最小径状态通过约束环；通过约束环后，压力下降，停泵后换向阀内置弹簧使液路复位；再次打压使胀头恢复到最大径状态，完成剩余段膨胀过程。

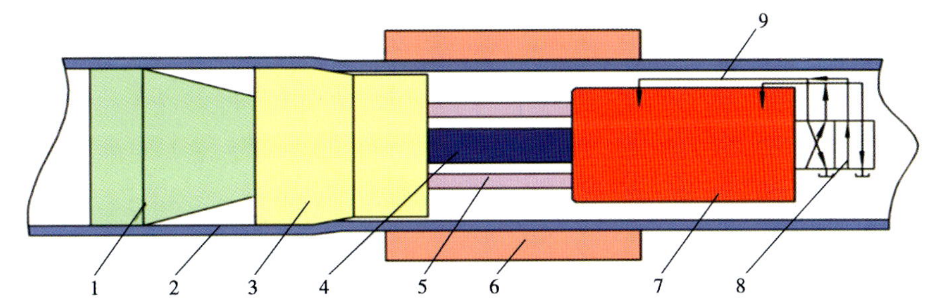

图 3　液压变径方式模拟实验装置结构示意图

1—皮碗；2—膨胀管；3—变径胀头；4—中心管；5—连杆；6—约束环（模拟局部高压井段）；7—动力缸；8—换向阀；9—液流方向

2.1 皮碗性能研究

在自上而下胀开膨胀管方式施工过程中：(1) 皮碗作为密封件承受自膨胀管内传来的液体压力，在保证密封的前提下，推动变径胀头以最大径状态移动，胀开膨胀管；(2) 在遇阻段变径胀头缩径时，皮碗外径也要随之变化以保证密封；(3) 变径胀头通过遇阻段后恢复最大径状态下行，再次胀开膨胀管，皮碗外径仍随之变化。因此要求皮碗具有良好的弹性和强度。

未改进的皮碗在实验前后的对比照片如图 4 所示。由图可以看出，皮碗的外形及内部支撑结构不合理，不能承受变径状态下的挤压，导致变形严重。

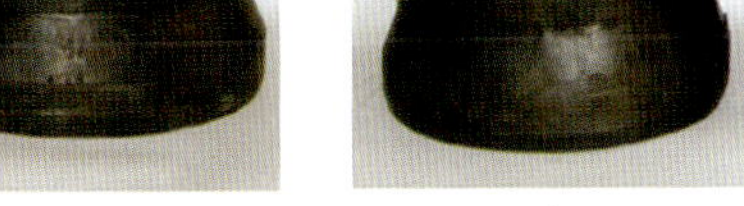

a. 实验前　　b. 实验后

图 4　未改进皮碗实验前后对比实物图

经过反复实验，改进了皮碗的外形，优化了内部支架的数量及材质[6]，同时将内支架加长，并让内部支架尽量靠近皮碗外层[7]。经过数次实验，皮碗不但拥有了良好的变形及密封性能，并且在104mm内径中承压可达到55MPa。

向膨胀管内打压，当压力达到31MPa时，皮碗推动变径胀头以最大外径进行膨胀；当到达约束环时，压力上升至46MPa；此时换向阀工作，带动动力缸拉开变径胀头，以最小径状态通过约束环；通过约束环后，压力下降；停泵后换向阀内置弹簧使液路复位，再次打压使胀头恢复到最大径状态，完成剩余段膨胀过程。

2.2 换向阀研究

换向阀采用两位四通阀（图5）的设计，是液压变径方式的主要部件，其作用是根据压力的大小推动内置弹簧改变液路流向来控制动力缸往复运动，实现胀头的变径。

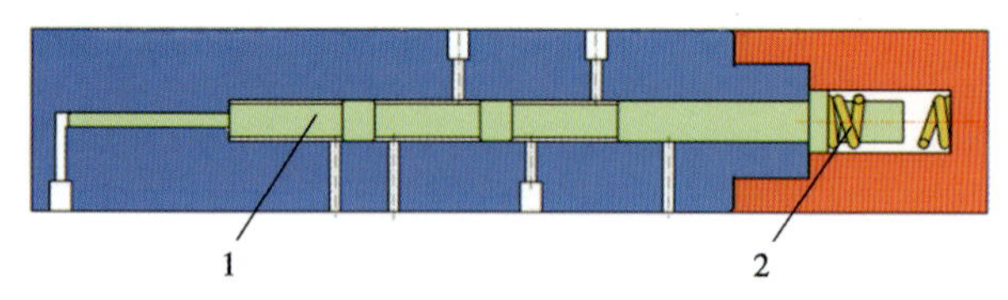

图5　两位四通阀结构示意图

1—阀芯；2—弹簧

阀芯的密封性是液路能否成功换向的关键。通常采用在阀芯上加胶圈及硫化橡胶方式，但高压过孔时，由于压差的原因橡胶会被吸入孔中发生剪切（图6），无法保证密封性能。

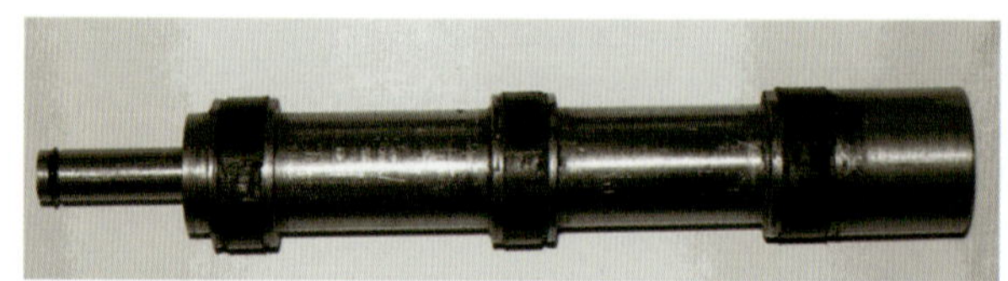

图6　密封橡胶损毁后的阀芯实物图

采用金属对金属的密封可以达到要求，但是对密封的间隙要求很高，间隙只有在0.010~0.015mm之间才能够保证良好的密封性能。应用该密封方式需要通过大排量来推动阀芯移动，经过多次实验，当排量在150L/min左右能够保证换向。

2.3 室内实验

对皮碗及关键密封件阀芯进行改进后再次进行实验（图7、图8），当压力达到31MPa时，皮碗推动变径胀头以最大外径进行膨胀，到达约束环时，压力上升至46 MPa，此时换向阀工作，带动动力缸拉开变径胀头，以最小径状态通过约束环，并完成剩余过程。该实验表明对皮碗及阀芯的改进成功。

图7　变径胀头打压前状态实物图

图8　变径胀头遇约束环缩径通过后状态实物图

在自上而下方式胀开膨胀管的施工中，以液体作用在皮碗产生的动力推动变径胀头自上而下胀开管体，在遇阻后，靠变径胀头后面的动力缸及换向阀提供动力，改变变径胀头外径。由于换向阀采用金属对金属方式进行密封，需要较大的排量才能完成换向动作，然而过高的排量会导致变径胀头移动速度过快，在变径胀头通过遇阻段后压力下降时，导致变径胀头没有回到最大径状态，直接以最小径状态胀开剩余行程，控制起来难度较大，为此进行另一种变径驱动方式的研究。

3 机械提拉式变径

机械提拉式变径适用于自下而上方式胀开膨胀管的施工，其工具串主要由膨胀管、中心管、变径胀头、连杆、动力系统等组成，其中驱动胀头变径主要由上提中心管的力及变径胀头后方的动力系统完成，模拟实验装置如图 9 所示。

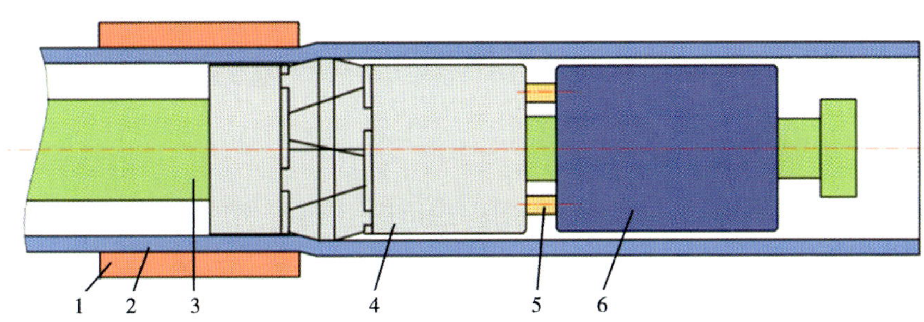

图 9　机械提拉式变径模拟实验装置结构示意图

1—约束环；2—膨胀管；3—中心管；4—变径胀头；5—连杆；6—动力系统

采用外径 114mm、壁厚 5mm 的膨胀管进行实验，变径胀头最大外径为 112mm，最小外径为 106mm，约束环内径为 117mm，由中心管打压拉力达到 31MPa，动力系统将变径胀头推至最大径状态，同时中心管拉着变径胀头工作，当变径胀头到达遇阻段，停止打压，上提中心管拉力至 25.3MPa，变径胀头在遇阻段外力挤压下变为最小径状态通过遇阻段，通过遇阻段后，再次打压使变径胀头恢复到最大径状态完成工作。

在自下而上方式胀开膨胀管的施工中，需要先打压使变径胀头后面的动力系统驱动变径胀头至最大径状态，同时需带压上提中心管完成膨胀管加固施工，在施工的安全性上较前一种方式差；但在遇阻后，以泄压上提中心管方式通过遇阻段，过遇阻段后，再次打压变径胀头恢复至最大径完成剩余行程，容易操作且行程可控。

4 结　论

（1）采用液压变径方式需要大排量才能驱动变径胀头变径，使得变径胀头缩径后容易直接以小径状态胀开剩余行程，控制起来难度较大；而采用机械提拉式变径上提过程完全可以控制，但有可能因为遇阻段过长需要反复提拉。

（2）液压推动换向阀式变径是通过膨胀管管体传导压力，无法应用在筛管完井上；采用机械提拉式变径则不存在这个问题，应用范围更广。

（3）通过两种不同变径方式的对比，建议采用机械提拉式变径，其通过遇阻段所用力更小，施工过程中更加容易控制进度。接下来将把如何降低变径时上提中心管的作用力作为下一步研究方向，使施工更加安全。

参考文献

[1]　余金陵，周延军，王锡洲，等．膨胀管技术的应用研究初探［J］．石油钻探技术，2002，30（5）：55-57.

[2]　庄德宝．膨胀管应用及技术研究［J］．内蒙古石油化工，2012（7）：103-104.

[3]　吴福源，魏增红，柳涛，等．实体膨胀管补贴修井技术在江苏油田的应用［J］．石油钻探技术，2008，36（1）：79-81.

[4]　杨斌，练章华，叶顶鹏，等．两种典型膨胀管膨胀工艺技术研究［J］．钻采工艺，2008，31（4）：90-93.

[5]　唐兴波，李黔，刘永刚．膨胀管变径膨胀工具结构优化设计［J］．石油矿场机械，2008，37（11）：23-25.

[6]　杨廷辉，李毓陵，陈旭炜．深皮碗用曲面骨架织物的制备及性能研究［J］．产业用纺织品，2006（2）：8-11.

[7]　柴国兴，辛林涛，谷开昭，等．ZF 皮碗封隔器及其应用［J］．钻采工艺，1999，22（2）：43-44.

可溶桥塞工具研究现状及发展趋势

孙　江，林忠超，李清忠，赵骊川，姚　飞

（大庆油田有限责任公司采油工程研究院）

摘　要：目前国内研发的可溶桥塞存在工具体积大、溶解时间长、密封元件不可溶解或降解后不易返排等问题，为了给国内今后新型可溶桥塞结构设计提供参考依据，研究了目前国内外可溶桥塞工具发展现状。对国内外多种可溶桥塞工具的结构特点和材质进行了详细分析，并根据国外可溶桥塞结构形式的变化预测了今后可溶桥塞工具结构发展趋势。研究表明，国内外可溶桥塞使用材质基本相同，都为铝基或镁基可溶合金材料；现阶段可溶桥塞工具结构正向类似球座形式发展，其具有结构短小、溶解残留物少，以及易返排、密封元件橡胶体积小等特点；一些极端结构设计甚至取消了橡胶密封元件，改为全金属密封。这些新型结构可为国内今后新型可溶桥塞工具的研发提供参考。

关键词：可溶桥塞；密封元件；结构设计；可溶合金；球座；金属密封

近年来致密油气已在美国和加拿大实现商业化开采[1]。致密油气资源的成功开发依赖于各种先进的增产改造技术，尤其大量应用了以速钻桥塞为核心工具的水平井体积压裂技术，该技术已成为国内外致密油气资源有效动用的主力技术之一，具有改造规模大、压裂后井筒无残留物等优点[2-6]。但该技术在压裂后，为实现井筒全通径，需要进行钻塞施工[7-10]，增加了施工成本和卡钻风险，且钻塞循环液及钻屑存在伤害地层、降低初期产量的问题；另外受连续油管长度限制，无法在超长水平段的水平井上进行钻塞施工。针对以上问题，国内外开展了可溶桥塞工具的研制。其在压裂完成之后自行溶解，实现了压裂后免钻铣[11]。

针对目前可溶胶筒承压指标低、降解产物不易返排，以及可溶桥塞体积大、溶解时间长等问题，随着新材料技术的发展，国外从减少密封部件橡胶体积、设计新型锚定密封机构等方面，对可溶桥塞结构进行创新设计，已从初期的双卡瓦锚定、压缩式组合胶筒密封结构形式，改进为单卡瓦锚定、压缩式单胶筒密封结构，甚至使用了少量橡胶材料或无橡胶的锚定密封一体结构。而国内目前研发的可溶桥塞都为早期的双卡瓦结构，工具长度长、体积大、溶解时间长，以及密封元件不可降解或降解后不易返排。因此，有必要对国内外可溶桥塞工具研究现状进行分析，并预测今后可溶桥塞工具结构的发展趋势，为现阶段可溶桥塞结构设计及改进方向提供参考。

1 可溶桥塞结构特点及溶解原理

1.1 结构特点

国内外早期研发的可溶桥塞（图1）大都采用与常规速钻桥塞相同的双卡瓦配合压缩式组合胶筒结构。

图1　早期可溶桥塞实物图

基金项目：中国石油天然气股份有限公司重大科技专项“油气开采降本增效技术研究与规模应用”（2016E-0212）。

第一作者简介：孙　江，1986年生，男，工程师，现主要从事井下工具研究方面的工作。

邮箱：sunjiang@petrochina.com.cn。

常规速钻桥塞的整体式铸铁卡瓦不可溶解，且体积较大，为减小不可溶解部件所占比例，可溶桥塞的卡瓦多采用可溶合金基体镶嵌硬质合金卡瓦牙、陶瓷卡瓦牙、陶瓷牙片及铸铁牙片等结构形式（图2）；而胶筒则采用水溶性橡胶制作，压裂施工后变性硬化，受返排液冲击破碎成小颗粒（图3a），或降解成黏稠液体（图3b），随返排液排出。工作时采用标准Baker 20号火药坐封工具。

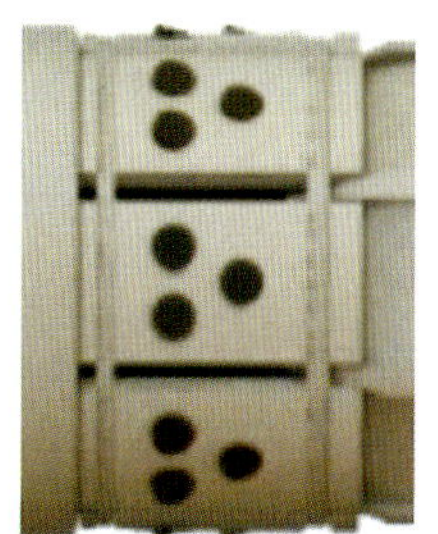

a. 硬质合金卡瓦牙

b. 陶瓷卡瓦牙

c. 陶瓷牙片

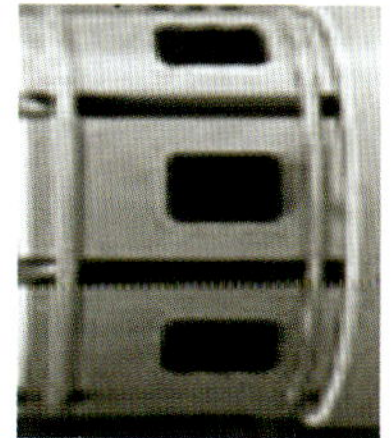

d. 铸铁牙片

图2　不同种类可溶卡瓦结构实物图

a. 国产可溶胶筒及降解物

b. 国外可溶胶筒及降解物

图3　可溶胶筒及降解物实物图

1.2 溶解原理

目前，国内外可溶桥塞的主体部分由铝基或镁基可溶合金加工制作而成。利用Al或Mg在一定温度下的水解反应，实现在纯水、盐溶液中可溶。

以铝基为例（图4），铝基可溶合金主要由Al、Mg、Ti、Cu、Fe、Ga、Sn、In等元素组成，其中金属元素Ga对铝基可溶合金的物理和化学性能有着重要影响[12-14]，铝基可溶合金中加入不同比例的Ga，可以改变铝基可溶合金的溶解速率。铝基可溶合金的溶解反应式为：

$$2Al+6H_2O=2Al(OH)_3\downarrow+3H_2\uparrow \qquad (1)$$

a. 溶解前

b. 溶解3d后

图4　铝基可溶合金球溶解前后状态实物图

由于加入的金属元素Ga添加剂可使致密铝基保护层出现孔洞缝隙，从而使水分子能够进入基体内部，实现持续水解反应。

镁基可溶合金具有密度小、比强度高、易熔炼、溶解速率高等优点，可作为速溶型可溶桥塞的基体材料。镁基可溶合金反应原理与铝基可溶合金类似。

控制可溶合金溶解速率的主要影响因素为：温度和Cl^-质量浓度。其中，温度升高，溶解速率相应提高；Cl^-质量浓度升高，可溶合金表面的钝化膜破坏加剧，溶解速率相应提高。

2 国内研究现状

国内对可溶桥塞的研究较国外起步较晚，目前一些具有研发、加工能力的研究机构和公司都进行了可溶桥塞产品的研发，如中国石油勘探开发研究院、四川威沃敦化工有限公司、南京首塑特种工程塑料制品有限公司、维泰油气能源技术有限公司等都有自己的可溶桥塞产品，且多数在现场试验过。

国内研发的可溶桥塞均采用与速钻桥塞相似的结构，卡瓦采用可溶合金基体镶嵌硬质合金卡瓦牙、陶瓷卡瓦牙、陶瓷牙片及硬质合金牙片等结构形式，胶筒采用可溶橡胶或常规耐油橡胶，工具总长普遍为 700~800mm，内通径为 20~30mm。在现场试验中发现其存以下问题：(1)采用常规速钻桥塞结构，长度较长，入井磕碰风险高；(2)已投入现场应用的可溶桥塞内通径较小（不大于 30mm）、体积大、溶解时间长，影响压裂后快速投产；(3)胶筒不可降解或不能完全降解为易于返排的状态，阻碍后续施工管串下入；(4)均含有一定比例不可溶材料，现场应用中出现不溶解情况。

2.1 国产可溶桥塞

中国石油勘探开发研究院在 2015 年成功研发国产可溶桥塞（图 5），其采用与常规速钻桥塞相同的双向卡瓦锚定结构，卡瓦采用可溶材料基体镶嵌陶瓷牙片，密封部件为压缩式组合胶筒，主体部分采用铝基可溶合金材料，技术指标达到耐压差 70MPa，在含 Cl^- 压裂液中可溶，溶解产物可随压裂后返排液排出。

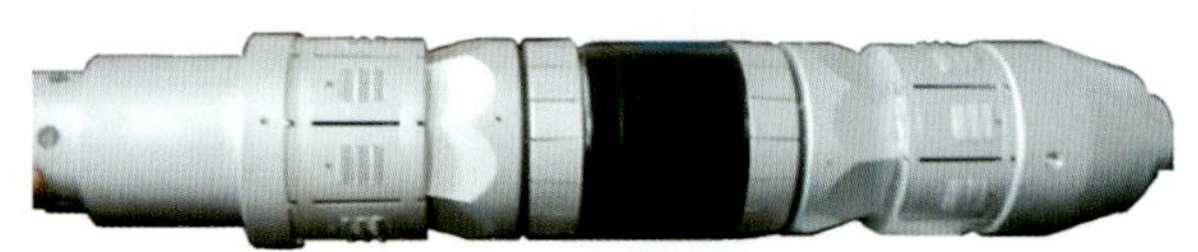

图 5 中国石油勘探开发研究院可溶桥塞实物图

2016 年 10 月该可溶桥塞在四川威远 H204-11 平台 3 号井首次应用，顺利完成页岩气大规模压裂施工[15]。2016 年 11 月该可溶桥塞在大庆油田外围两口井大规模压裂施工中使用，返排结束后使用油管探塞，证实井内所有可溶桥塞全部溶解。

2.2 WIZARD 可溶桥塞

WIZARD 可溶桥塞（图 6）是维泰油气能源技术有限公司在 2016 年发布的产品，该可溶桥塞采用单向锚定结构，卡瓦采用镁基可溶合金镶嵌铸铁卡瓦牙片，密封部件为压缩式组合胶筒，主体部分采用镁基可溶合金材料，胶筒为可溶橡胶材料[16]。该可溶桥塞使用标准火药或液压坐封工具坐封，工作状态可承压差 68.9MPa，设计耐温高达 150℃，坐封后溶解 24h 内可有效承压密封，可根据用户需求定制从 36h 到 250h 不等的溶解时间，适用于 Q125 和 V140 的 API 套管等级。

图 6 WIZARD 可溶桥塞及溶解过程实物图

2.3 CHAMELEON 可溶桥塞

CHAMELEON 可溶桥塞（图 7）同样由维泰油气能源技术有限公司研发，该可溶桥塞采用双向锚定结构，卡瓦采用镁基可溶合金镶嵌硬质合金牙块，密封部件为压缩式组合胶筒，主体部分采用镁基可溶合金材料，胶筒为可溶橡胶材料。该可溶桥塞使用标准火药或液压坐封工具坐封，工作状态可承压差 68.9MPa，设计耐温高达 150℃，40~60℃低温下可在 10 天内完全溶解，从而减少总体完井时间和成本，适用于 N80、P110、Q125 等钢级套管。

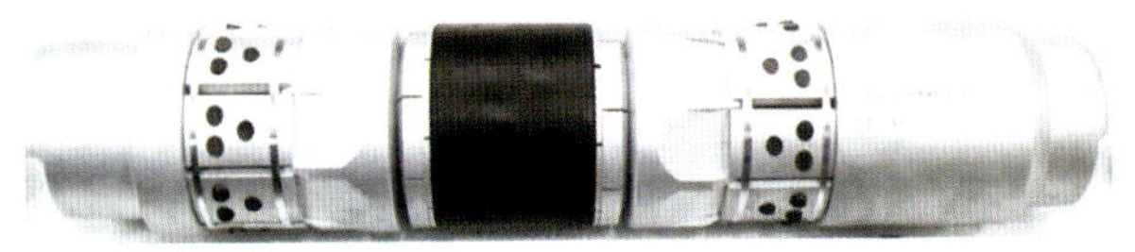
图 7　CHAMELEON 可溶桥塞实物图

3 国外研究现状

国外对可溶桥塞的研究起步较早，各公司早期可溶桥塞产品均采用与常规速钻桥塞相似的结构形式，锚定部件采用双向卡瓦结构，可溶卡瓦由可溶合金基体镶嵌硬质合金或陶瓷卡瓦牙构成，密封部件采用压缩式组合胶筒或单胶筒结构。之后为减小可溶桥塞体积，简化工具结构，出现了锚定部件采用单向卡瓦结构的可溶桥塞产品。

2015 年以来，针对目前压缩式组合可溶胶筒极限承压指标较低（约 55MPa）、降解产物较黏不利于返排等问题，国外各公司相继研发了无胶筒的球座形式的可溶桥塞工具。该类工具没有使用传统的压缩式胶筒密封结构，而是采用金属接触密封或特殊金属结构辅以少量橡胶密封，可溶解部分占工具总体积的 99% 以上，且较传统可溶桥塞结构更加短小，完全溶解时间大幅缩短，有助于缩短施工后采油井等待投产时间，是今后可溶桥塞工具结构的发展方向。

3.1 Illusion 可溶桥塞

Illusion 可溶桥塞（图 8）由 Halliburton 公司研发，2015 年 6 月 15 日在美国休斯敦发布。该桥塞主体结构采用与常规速钻桥塞类似的双向卡瓦锚定结构（图 8），密封部件为压缩式可溶胶筒，主体部分由可溶合金材料制成，卡瓦为可溶合金基体镶嵌陶卡瓦牙结构，卡瓦牙为圆柱状。

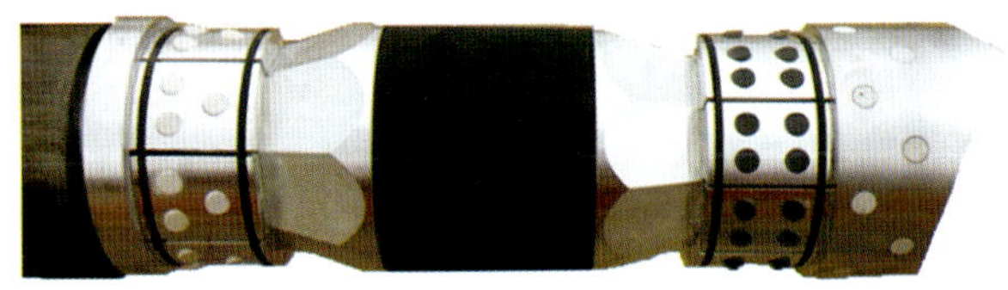
图 8　Illusion 可溶桥塞实物图

2016 年在美国北达科他州威利斯顿盆地使用 Illusion 可溶桥塞完成了两口水平井压裂施工，两口井最大垂直深度为 3048m，水平段长约为 3048m，共使用 Illusion 可溶桥塞 49 级，节省了 25 万美元和 1~2 天的井筒干预时间，避免了钻塞施工带来的高风险。截至 2018 年，Illusion 可溶桥塞已在全球累计使用约 5000 只。

3.2 X-Factor 可溶桥塞

X-Factor 可溶桥塞（图 9）由 Nexgen 公司研发，该桥塞主体结构采用与常规速钻桥塞类似的双向卡瓦锚定结构，密封部件为压缩式可溶胶筒，主体部分由可溶合金材料制成，卡瓦为单向牙齿结构。据该公司提供资料显示，X-Factor 可溶桥塞使用标准 Baker20 号火药坐封工具坐封，工作状态可承压差 68.9MPa，设计耐温高达 138℃。该可溶桥塞在北美的 Permian 盆地、Barnett & Fayettville、Marcellus & Utica、Haynesville & Bossier 页岩等区块均有应用。

图 9　X-Factor 可溶桥塞实物图

3.3 VANISHING 和 HOLLOW POINT 可溶桥塞

VANISHING 可溶桥塞和 HOLLOW POINT 可溶桥塞都为 Magnum 公司产品。

VANISHING 可溶桥塞（图 10）是世界上第一款可溶桥塞，于 2014 年投入现场应用，其主体结构采用与常规速钻桥塞相似的双向卡瓦锚定结构，密封部件为压缩式可溶胶筒，主体部分由一种可降解高分子聚合物制成，其溶解速率受液体温度控制；卡瓦结构为镁基可溶合金基体镶嵌硬质合金卡瓦牙；胶筒

图 10　VANISHING 可溶桥塞实物图

为可降解材料制成，整个桥塞可溶体积约99.5%[17]。

HOLLOW POINT可溶桥塞（图11）采用单向卡瓦锚定结构，密封部件为压缩式可溶胶筒，主体部分由可溶合金材料制成，卡瓦为可溶合金基体镶嵌硬质合金卡瓦牙结构。以上两种可溶桥塞均可使用标准Baker20号火药坐封工具坐封，工作状态可承受压差为68.9MPa，设计耐温为100~150℃。

图11　HOLLOW POINT可溶桥塞实物图

3.4 SPECTRE 可溶桥塞

SPECTRE可溶桥塞（图12）为Baker Hughes公司于2015年9月在美国休斯敦举办的国际石油工程师学会（SPE）年度技术会议及展览上发布的全可溶桥塞产品，其结构形式为单向卡瓦锚定，密封部件采用压缩式可溶胶筒。SPECTRE可溶桥塞的中心轴和楔形套筒是由高强度的电解纳米金属材料（CEM）制成，胶筒材质为特殊聚氨酯，单向锚定卡瓦采用镍基合金涂层技术（涂层厚度为0.25~0.38mm），压裂时强度稳定，暴露于返排液后溶解性能优良，溶解速率受返排液盐度和温度影响。桥塞溶解后本体完全消失，胶筒降解产物和卡瓦涂层呈细小碎粒，可返排出井筒。该可溶桥塞可使用标准Baker20号火药坐封工具坐封，工作状态可承受压差为68.9MPa，设计耐温为70~155℃。

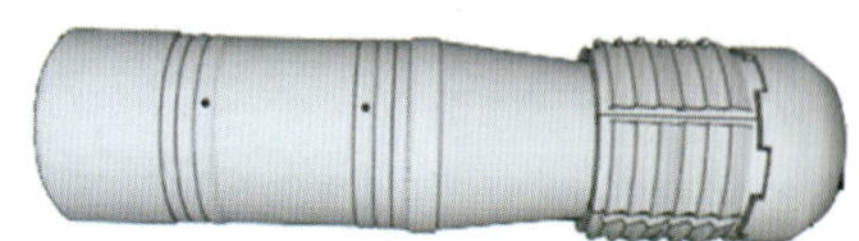

图12　SPECTRE可溶桥塞三维图

截至2018年年底，SPECTRE可溶桥塞已在北美地区应用2000余只。国内于2017年5月11日在青海油田某井首次应用两只SPECTRE可溶桥塞完成下入作业。

3.5 INFINITY 可溶球座

INFINITY可溶球座（图13）为Schlumberger公司于2015年发布的可溶桥塞的替代产品，采用可扩径分块插接密封体结构。

坐封前（图13a），两对密封体上下分离并分别固定在推筒等部件的导轨上，最大刚体外径为111.5mm。坐封后（图13b），两对密封体分别沿各自导轨运动扩径，最终插接形成完整球座，球座最大外径为119mm，与预置在井内套管上的内通径为115mm工作筒形成无胶筒金属接触密封。可溶解部

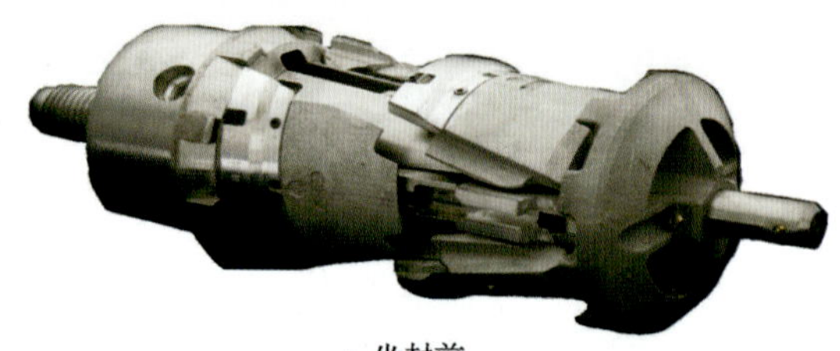

a. 坐封前

b. 坐封后

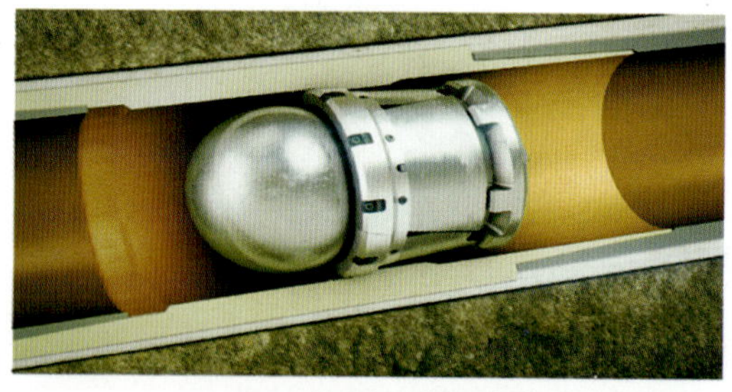

c. 压裂时与预置工作筒配合

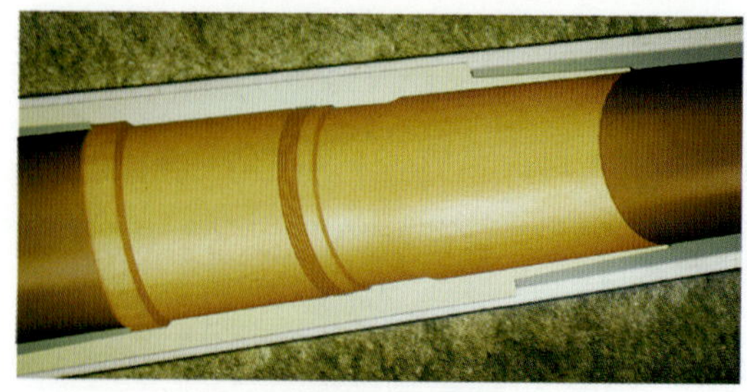

d. 完全溶解后剩余预置工作筒

图13　INFINITY可溶球座实物图

分占整体球座体积的 99.7%。工作状态可承受压差 69MPa、耐温 176.7℃[18]。压裂施工时，使用标准 Baker 20 号火药坐封工具坐封，将其安装在与套管一起下入的预置工作筒上（图 13c），压裂前投可溶球，隔离前一段压裂层位；压裂后可溶球、可溶球座完全溶解，仅剩余预置工作筒（图 13d）。

INFINITY 可溶球座结构短小，且没有橡胶部件，实现了无胶筒密封，避免了现有可溶胶筒承压指标低、溶解性能不好对可溶桥塞性能的影响。但因本身不具有锚定功能，需要与预置工作筒配合使用，不能在井筒任意深度坐封；且预置工作筒有缩径，施工后通径不大于 115mm，不能形成真正的井筒全通径。

3.6 KRONOS 可溶桥塞

KRONOS 可溶桥塞（图 14）为 Peak Completion 公司于 2017 年发布的产品，整体结构紧凑短小，采用楔入式密封结构，卡瓦、防突保护与楔入式密封胶筒整体硫化在一起，对可溶橡胶材料综合性能的要求较常规压缩式可溶胶筒有所降低。

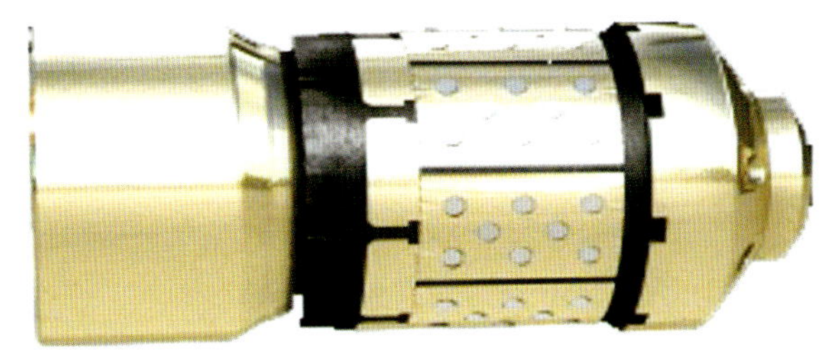

图 14　KRONOS 可溶桥塞实物图

KRONOS 可溶桥塞最大外径为 114.3mm，内径为 38mm，总长 220mm，使用标准 Baker20 号火药坐封工具坐封，工作状态可承受压差 68.9MPa[19]。该可溶桥塞结构综合了常规单卡瓦可溶桥塞和 INFINITY可溶球座的优点，结构短小易于压裂后快速溶解投产，既可实现井筒全通径，又体现出了现阶段可溶桥塞工具结构的发展趋势，对今后可溶桥塞结构设计具有指导意义。

3.7 SWAGE 可溶桥塞

SWAGE 可溶桥塞（图 15）为 Innovex Downhole Solutions 公司于 2018 年发布的新产品，是一种由 3 个主要部件构成的结构极简单的新型可溶桥塞，设计采用一个磨砂外表面的金属膨胀部件代替常规可溶桥塞的卡瓦和密封元件，工作状态同时实现金属密封和锚定。

a. 坐封前

b. 坐封后

图 15　SWAGE 可溶桥塞实物图

该金属膨胀部件是一种既可膨胀又可完全溶解的合金材料，可以提供比常规铝基、镁基可溶合金材料更稳定的参数和更高的溶解速率，且溶解速率可根据现场不同井筒温度和盐水质量浓度需求进行定制。该工具设计相比传统可溶桥塞少使用 75%的可溶合金材料，使其能够在各种井筒条件下更容易溶解，且溶解残留物体积远小于常规可溶桥塞。

根据材料配方不同，SWAGE 可溶桥塞可以在溶解环境中承受 68.9MPa 压力 12h 或 24h；在温度 50～178℃的清水或氯化物质量分数为 3%的溶液中，可在 3～5 天内完全溶解。该可溶桥塞采用业内标准的电缆工具坐封，没有移动的外部组件，消除了提前坐封的风险，可用于内径为 114.3～127.3mm 的套管，桥塞长 203mm[20]。

4 结　论

（1）目前国内可溶桥塞工具结构与国外初期

产品类似，都采用与常规速钻桥塞相似的双卡瓦或单卡瓦结构形式，存在体积大、溶解时间长、胶筒不可降解或可溶胶筒承压指标低且降解产物不易返排等问题。

（2）在可溶桥塞工具结构改进过程中，始终伴随着市面上各种可溶胶筒承压指标低、降解产物不易返排等问题，随着新材料技术的进步，出现了可溶球座或类似球座结构形式的可溶桥塞，此类可溶桥塞没有传统意义上的胶筒密封元件，仅用少量可溶橡胶实现密封或完全使用金属密封结构，避免了因压缩式可溶胶筒无法承受较高压差而影响可溶桥塞整体性能的问题。

（3）目前可溶桥塞工具正向结构简单、体积小、溶解时间短、溶解残留物少的球座或类似球座形式发展。

参考文献

[1] 严向阳，李楠，王腾飞，等．美国致密油开发关键技术［J］. 科技导报，2015，33（9）：100-106.

[2] 张浩，顾明勇，李永环，等．大庆油田特低渗透油藏水平井体积压裂产能预测方法［G］//大庆油田有限责任公司采油工程研究院．采油工程文集 2015 年第 3 辑．北京：石油工业出版社，2015：8-11.

[3] 雷群，王红岩，赵群，等．国内外非常规油气资源勘探开发现状及建议［J］. 天然气工业，2008，28（12）：7-10.

[4] 林忠超，孙江，朱振锐，等．大庆油田铝合金桥塞专用磨鞋改进与应用［G］//大庆油田有限责任公司采油工程研究院．采油工程文集 2017 年第 4 辑．北京：石油工业出版社，2017：1-2.

[5] 邱小庆，杨文波．可钻桥塞分段压裂工艺在页岩油储层改造中的应用［J］. 广东化工，2015，42（6）：70-71.

[6] 薛承瑾．页岩气压裂技术现状及发展建议［J］. 石油钻探技术，2011，39（3）：24-29.

[7] 刘威，何青，张永春，等．可钻桥塞水平井分段压裂工艺在致密低渗气田的应用［J］. 断块油气田，2014，21（3）：394-397.

[8] 白田增，吴德，康如坤，等．泵送式复合桥塞钻磨工艺研究与应用［J］. 石油钻采工艺，2014，36（1）：123-125.

[9] 逄仁德，崔莎莎，韩继勇，等．水平井连续油管钻磨桥塞工艺研究与应用［J］. 石油钻探技术，2016，44（1）：57-62.

[10] 尚琼，王伟佳，王汤，等．连续油管钻复合桥塞工艺研究［J］. 钻采工艺，2016，39（1）：68-71.

[11] 刘辉，严俊涛，张诗通，等．可溶性桥塞技术应用现状及发展趋势［J］. 石油矿场机械，2018，47（5）：65-68.

[12] Wang W, Zhao X M, Chen D M, et al. Insight into the reactivity of Al-Ga-In-Sn alloy with water［J］. International Journal of Hydrogen Energy, 2012, 37（3）：2187-2194.

[13] Kravchenko O V, Semenenko K N, Bulychev B M, *et al.* Activation of aluminum metal and its reaction with water［J］. Journal of Alloys and Compounds, 2005, 397（1-2）：58-62.

[14] Zhang J P, Wang R C, Feng Y, *et al.* Effects of Hg and Ga on microstructures and electrochemical corrosion behavior of Mg anode alloys［J］. Transactions of Nonferrous Metals Society of China, 2012, 22（12）：3039-3045.

[15] 天工．自主研发的可溶桥塞在页岩气储层压裂作业中获成功应用［J］. 天然气工业，2016，36（10）：101.

[16] Ningjing Jin, Qijun Zeng. Dissolvable Tools in Multi-stage Stimulation［R］. SPE 186184, 2017.

[17] Magnum Oil Tools. The all new magnum vanishing plug-now 99.5% dissolvable［EB/OL］.（2016-02-09）. http://blog.magnumoiltools.com/the-all-new-magnum-vanishing-plug-now-99.5-dissolvable.

[18] Schlumberger Limited. Infinity Dissolvable Plug-and-Perf System［EB/OL］.（2015-6-1）. https://www.slb.com/~/media/Files/completions/product_sheets/mss/infinity_ps.pdf.

[19] Peak Completion Technologies, Inc.. Kronos - Dissolvable isolation tool［EB/OL］.（2018-5-30）. http://www.peakcompletions.com/index.php/menu-products-and-services/menu-ps-p-completion-tools/menu-ct-plug-and-perf/menu-ps-ct-pnp-kronos.

[20] Innovex Downhole Solutions. Innovex_Swage-Dissolvable-Frac-Plug［EB/OL］.（2018-7-30）. https://innovexdownhole.com/wp-content/uploads/2018/07/Innovex_Swage-Dissolvable-Frac-Plug.pdf.

超轻低密支撑剂在致密气藏评价与应用

齐士龙[1]，曲宝龙[1]，赵德钊[1]，张毅博[1]，刘洪波[2]

（1. 大庆油田有限责任公司采油工程研究院；2. 大庆油田有限责任公司井下作业分公司）

摘　要： 针对致密气藏体积压裂时常规支撑剂无法实现微缝改造，开展了利用超轻低密支撑剂实现微缝支撑的研究。根据超轻低密支撑剂室内检测评价实验、沉降速率实验及导流能力实验，将超轻低密支撑剂实验数据与常规支撑剂的实验数据进行对比分析。结果表明，超轻低密支撑剂在致密气藏微缝系统改造中具有独特的性能优势，即容易被铺置在微缝内，且在温度高、闭合压力大的储层环境内仍具有较高的导流能力。现场应用表明，采用超轻低密支撑剂的致密气藏水平井 A 井的产量比采用常规支撑剂的对比井高出 20%。由此可知，超轻低密支撑剂满足了致密气藏储层的增产需求，为致密气藏压裂增产提供了更加多元有效的备选方案。

关键词： 致密气藏；超轻低密支撑剂；体积压裂；微缝支撑；导流能力

近年来，随着勘探程度的不断提高，对致密气藏的体积压裂改造逐渐成为了油气勘探的重要领域[1]。由于致密气藏储层埋藏深、岩性致密，压裂后，常规支撑剂材料（如陶粒、石英砂等），因密度比较大（其相对密度均不小于 2.65）会快速沉降，无法实现微缝系统改造[2]，难以满足致密气藏储层微缝改造的增产需求。因此，为提高致密气藏储层有效体积改造及产能，开展了超轻低密支撑剂微缝支撑技术的研究。

1 实验室检测

在最初的研制过程中，常规超轻低密支撑剂的材料为改性核桃壳树脂，其相对密度为 1.25。随着技术的不断进步，最新研制出来的超轻支撑剂工艺为热处理，材料为热固性纳米树脂，其相对密度为 1.05。针对最新研制出来的超轻低密支撑剂（简称超轻低密支撑剂）进行了实验室检测评价，经中国石油天然气股份有限公司采油工程产品质量监督检验中心检验（表 1），超轻低密支撑剂不仅密度低，同时具有耐高温、耐高压、破碎率低的优点，满足致密气藏体积压裂工艺要求。

表 1　超轻低密支撑剂性能检验成果表

项目名称	结果
粒径（μm）	212~1180
密度（g/cm^3）	1.04~1.08
球　度	0.9
圆　度	0.9
耐温（℃）	180
耐压（MPa）	86
浊度（NTU）	5
86MPa 破碎率（%）	1.4

2 产层覆盖性测试

在压裂改造工艺中，携砂液携带支撑剂进入储层，支撑剂随着携砂液运移的同时在不断沉降。研究表明，支撑剂沉降速率越大，越容易产生堆积，对产层的覆盖体积越小，储层的改造效果就

基金项目： 中国石油天然气股份有限公司重大科技专项“松北深层天然气富集规律、勘探技术研究与规模增储”（2016E-0306）。

第一作者简介： 齐士龙，1980 年生，男，工程师，现主要从事压裂方案优化设计工作。

邮箱：qishilong@petrochina.com.cn。

越差[3]。研究中以沉降特性表示产层覆盖性，为此进行了不同支撑剂沉降速度测试实验。

实验中选用：（1）常规支撑剂（30 目/50 目陶粒、20 目/40 目石英砂）与超轻低密支撑剂作对比；（2）压裂液相选用滑溜水（相对密度为 1.0，黏度为 3mPa · s）。

实验结果表明（图 1）：30 目/50 目陶粒沉降速度为 5.5m/min，20 目/40 目石英砂沉降速度为 5m/min，超轻低密支撑剂沉降速度为 0.024m/min。说明在相同条件下，超轻低密支撑剂的沉降速度远远低于石英砂和陶粒，说明超轻低密支撑剂具有良好的产层覆盖性。

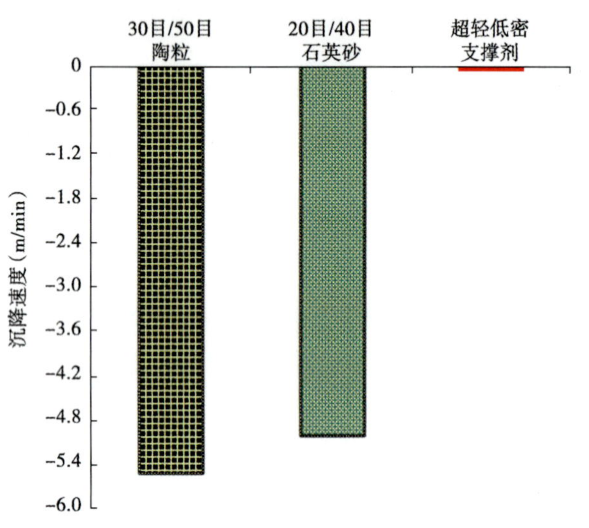

图 1 不同类型支撑剂的沉降速度对比图

3 微缝系统支撑评价

致密气藏体积压裂改造的目的是形成复杂裂缝（图 2），增大改造体积[4]。目前致密气藏使用常规支撑剂进行压裂改造时能使主缝和支缝系统得到有效支撑；但微缝系统因没有支撑剂进行有效支撑，压裂后闭合，影响了致密气藏的产量。

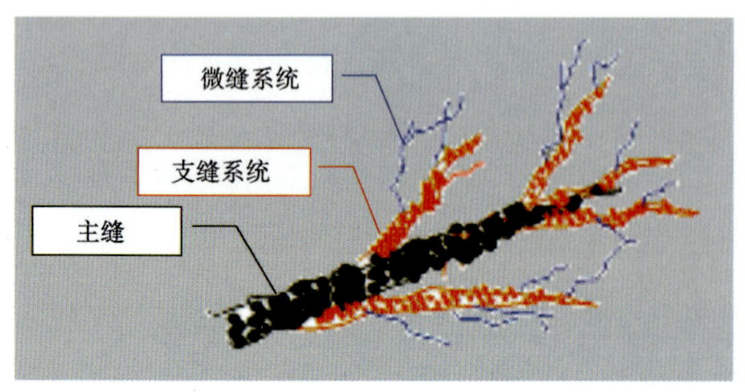

图 2 复杂裂缝示意图

超轻低密支撑剂与常规支撑剂相比，最大优势在于：容易被铺置在裂缝内[5]，实现微缝加砂，有效地弥补了常规支撑剂的缺陷，保证微缝系统的有效支撑（图 3）。

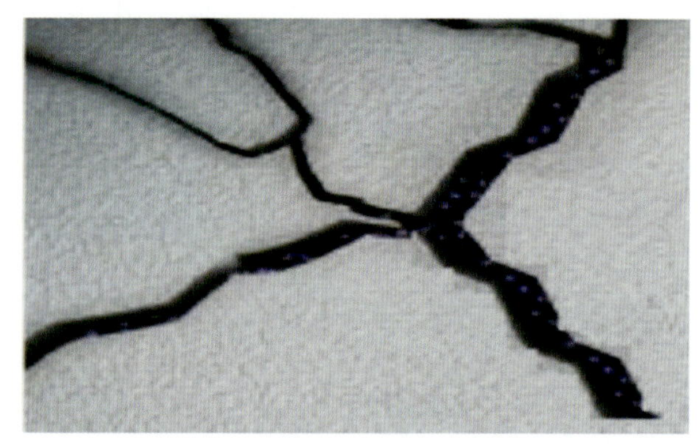

图 3 超轻低密支撑剂微缝支撑示意图

根据压裂裂缝改造有效支撑理论[6]，研究中从闭合压力和导流能力两个重要因素入手进行评价微缝支撑[7]。在该实验中选用常规支撑剂（30 目/50 目陶粒、20 目/40 目石英砂）与超轻低密支撑剂作对比。通过室内实验，进行了不同闭合压力下超轻低密支撑剂与传统支撑剂的导流能力对比，从导流能力与闭合压力之间的关系（图 4）可以看出：超轻低密支撑剂在高闭合压力下仍具备良好的导流特性，能够防止裂缝闭合，增加有效裂缝的有效支撑体积，从而证实了超轻低密支撑剂进行致密气藏微缝支撑的可行性。

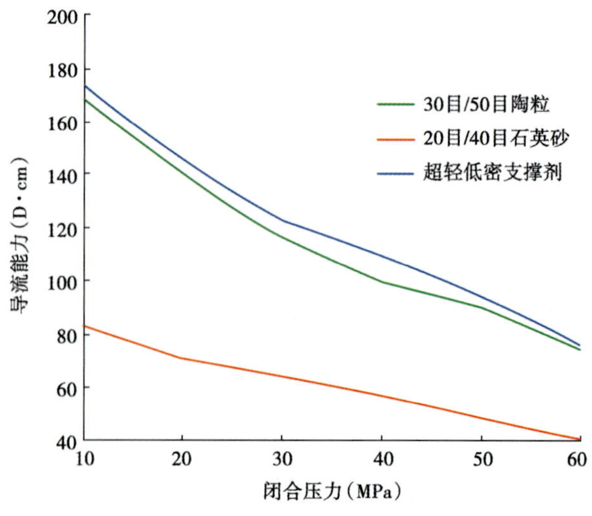

图 4 不同闭合压力下不同支撑剂导流能力对比曲线图

4 现场试验

2018 年 12 月在大庆致密气藏水平井 A 井开展了超轻低密支撑剂微缝支撑技术首口井现场试验，试验结果表明，通过滑溜水携带超轻低密支撑剂实现了微缝加砂，实现了致密气藏微缝支撑。

压裂时，在滑溜水阶段采用 5%—7%—10% 砂比携 3m^3 超轻低密支撑剂，将其应用于致密气藏水平井 A 井 20 段，其中第 1 段压裂施工曲线如图 5 所示。

致密气藏水平井 A 井加入超轻低密支撑剂量到 60m^3，压裂后日产气量为 12.6×10^{4}m^3（图 6），产量比其他采用常规支撑剂压裂工艺高出 20%，提高了致密气藏改造效果。

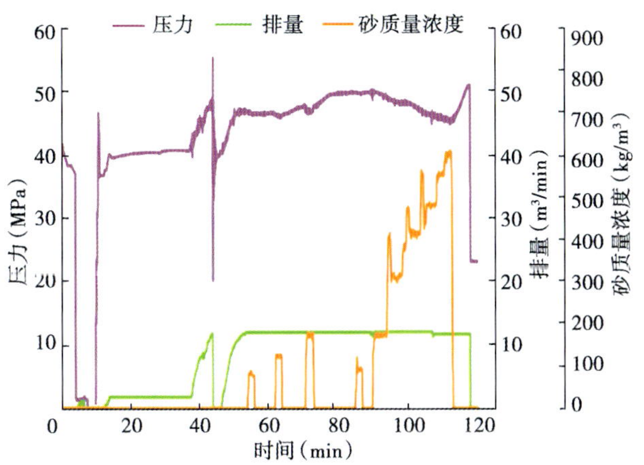

图 5　致密气藏水平井 A 井第 1 段压裂施工曲线图

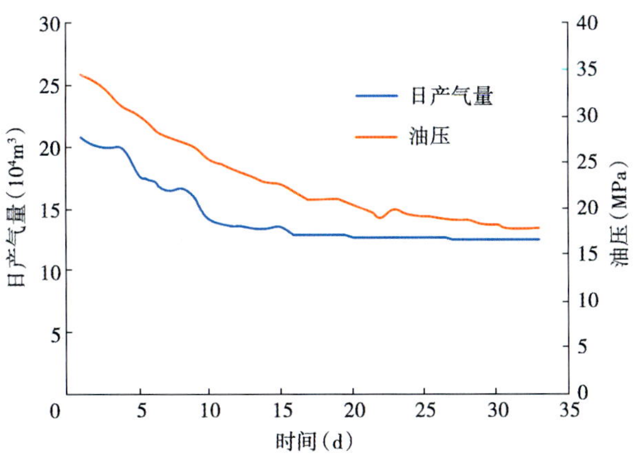

图 6　致密气藏水平井 A 井排液求产曲线图

5 结　论

（1）超轻低密支撑剂具有耐高温、耐高压的优点，由室内实验表明，超轻低密支撑剂的沉降速度远远低于石英砂和陶粒，并且在不同闭合应力下具有较高的导流能力，满足致密气藏体积压裂改造需求。

（2）超轻低密支撑剂相对而言更容易被铺置在人工裂缝的远端及微缝系统内，可有效防止微缝系统闭合，保证微缝系统的有效支撑，弥补了常规支撑剂在致密气藏无法实现微缝支撑的缺陷。

（3）现场采用超轻低密支撑剂试验取得了良好的效果，该试验的成功为致密气藏改造增添了新的技术手段，具有广泛的应用价值和推广前景。

（4）下一步将继续开展致密气藏常规支撑剂与超轻低密支撑剂组合导流能力实验，并针对不同岩性储层常规支撑剂与超轻低密支撑剂用量进行优化，以不断提高改造效果。

参考文献

[1]　于士泉．大庆深层气藏复杂结构井开发实践与认识［J］．大庆石油地质与开发，2018，37（3）：49-53.

[2]　李永环．大庆致密油储层数模与物模相结合支撑剂优选方法［G］//大庆油田有限责任公司采油工程研究院．采油工程 2019 年第 1 辑．北京：石油工业出版社，2019：53 -59.

[3]　曲占庆，曹彦超，郭天魁，等．一种超低密度支撑剂的可用性评价［J］．石油钻采工艺，2016，38（3）：372-377.

[4]　付春明．致密油水平井体积压裂试验［G］//大庆油田有限责任公司采油工程研究院．采油工程文集 2015 年第 3 辑．北京：石油工业出版社，2015：27-30.

[5]　李树良．ULW—1.05 超低密度支撑剂评价及应用［J］．油气田地面工程，2013，32（9）：66-67.

[6]　苏煜彬，林冠宇，韩悦，等．致密砂岩储层水力加砂支撑裂缝导流能力［J］．大庆石油地质与开发，2017，36（6）：140-145.

[7]　高阳，赵超，董平川，等．致密气藏变导流能力裂缝压裂水平井不稳定渗流模型［J］．大庆石油地质与开发，2015，34（6）：141-147.

基于树状复杂缝网的致密储层体积压裂裂缝参数优化设计

吕德庆

（大庆油田有限责任公司勘探事业部）

摘　要：为了解决水平井体积压裂优化设计时建立的缝网模型较为理想的问题，开展了树状复杂缝网研究。通过建立适用于致密储层的油水两相渗流有限元方程及树状复杂缝网模型，对裂缝密度、裂缝半长、裂缝导流能力进行优化设计及权重分析。通过对比分析确定最优裂缝密度为 13 条/1000m，最优裂缝半长为 190m，最优裂缝导流能力为 27D · cm，其中裂缝长度对累计产油量的影响程度最大，裂缝导流能力对累计产油量的影响程度最小。通过建立体积压裂实际形成的缝网形态，利用油藏工程及数值模拟技术完成裂缝参数的优化设计，对体积压裂施工设计具有一定指导意义。

关键词：致密储层；体积压裂；裂缝参数；复杂缝网；优化设计

致密储层体积压裂技术是通过向地层注入能量来打碎有效储层形成一条或多条主裂缝，同时主裂缝的侧向不断分支形成次生裂缝，并在次生裂缝上继续分支形成多级次生裂缝，进而形成复杂的裂缝网络[1]。该技术通过对有效渗流储层长、宽、高 3 个方向的全面压裂改造来增大油井的泄油面积，缩短地层中流体流至裂缝的渗流距离，从而提高采油井的开发效果[2-3]。其中体积压裂裂缝参数对生产井的产量有较大影响[4-8]，随着体积压裂技术的不断发展，体积压裂裂缝参数的优化设计已成为油田区块经济性评价和压裂施工技术改进的要点[9-12]，特别是对致密储层体积压裂裂缝参数进行优化设计时，部分学者假设压裂裂缝网络呈两两裂缝平行或正交的状态，其过于理想化的模型并不符合压裂过程中受地层条件和应力影响共同控制的裂缝网络形态[13-15]，该情况下进行的裂缝参数优化设计无法满足实际压裂施工的需要。因此，通过建立更符合实际的树状缝网模型进行数值模拟研究，以确定裂缝参数的最优值，并确定压裂井投产 10 年内各裂缝参数的影响权重，可以为致密储层体积压裂施工设计提供一定的理论依据。

1 体积压裂理论模型建立

1.1 油水两相渗流有限元方程建立

采用有限元法对体积压裂形成的树状复杂缝网进行数值模拟研究[16]，该计算模型的建立需假设油藏内为油水两相渗流，且满足低速非达西渗流定律。其中，公式中下标 o 代表油相，w 代表水相。

针对致密油藏油相渗流的微分方程为：

$$\nabla\left[\rho_{\mathrm{o}}\frac{KK_{\mathrm{ro}}}{\mu_{\mathrm{o}}}\nabla p_{\mathrm{o}}\right]+q_{\mathrm{o}}=\frac{\partial(\phi S_{\mathrm{o}}\rho_{\mathrm{o}})}{\partial t} \tag{1}$$

针对致密油藏水相渗流的微分方程为：

$$\nabla\left[\rho_{\mathrm{w}}\frac{KK_{\mathrm{rw}}}{\mu_{\mathrm{w}}}\nabla p_{\mathrm{w}}\right]+q_{\mathrm{w}}=\frac{\partial(\phi S_{\mathrm{w}}\rho_{\mathrm{w}})}{\partial t} \tag{2}$$

式中　ρ——密度，kg/m^3；

K——渗透率，mD；

作者简介：吕德庆，1974 年生，男，工程师，现主要从事油田井控管理及致密油开发工作。
邮箱：ludq@ petrochina. com. cn。

K_r——相对渗透率；

μ——流体黏度，mPa · s；

p——地层压力，MPa；

q——日流量，m^3；

ϕ——孔隙度；

S——饱和度；

t——时间，s。

辅助方程为：

$$p_c = p_o - p_w \tag{3}$$

$$S_o + S_w = 1 \tag{4}$$

式中 p_c——毛细管压力，MPa。

油水两相渗流初始条件为：

$$p_o\big|_{(t=0)} = p_{oi},\ S_w\big|_{(t=0)} = S_{wi}$$

式中 p_{oi}——原始油藏油相压力，MPa；

S_{wi}——原始含水饱和度。

油水两相渗流外边界条件为：外边界封闭。

油水两相渗流内边界条件为：井底压力、注水井井底饱和度为定值。

将式（1）化简后联立式（3）、式（4）即可得到油相压力方程为：

$$\nabla\left[\left(\frac{KK_{ro}}{\mu_o} + \frac{KK_{rw}}{\mu_w}\right)\nabla p_o - \frac{KK_{rw}}{\mu_w}\nabla p_c\right] + \frac{q_o}{\rho_o} + \frac{q_w}{\rho_w} = \phi C_t \frac{\partial p}{\partial t} \tag{5}$$

其中：$C_t = S_w C_w + S_o C_o + C_f$

$$\boldsymbol{S}_w = \begin{pmatrix} S_{w1} \\ S_{w2} \\ \cdots \\ S_{wn} \end{pmatrix}$$

式中 C_t——总压缩系数，MPa^{-1}；

C_w——束缚水压缩系数，MPa^{-1}；

C_o——原油压缩系数，MPa^{-1}；

C_f——岩石压缩系数，MPa^{-1}。

将式（2）化简后联立式（3）、式（4）即可得到水相饱和度方程为：

$$\nabla\left[\frac{KK_{rw}}{\mu_w}(\nabla p_o) - \frac{KK_{rw}}{\mu_w}\nabla p_c^{n+1}\right] + \frac{q_w}{\rho_w} = \phi\frac{\partial S_w}{\partial t} \tag{6}$$

设形函数向量为：

$$\boldsymbol{N} = (N_1,\ N_2,\ \cdots,\ N_n)$$

式中 $\boldsymbol{N}$——形函数向量；

N_j——基质单元第 i 个节点处的形函数值（$j=1,\ 2,\ \cdots,\ n$）；

n——结点数。

将油相压力方程积分后化为弱解形式，可得到油相压力方程的矩阵方程为：

$$\left[\iint_e\left(\frac{KK_{rw}}{\mu_w} + \frac{KK_{ro}}{\mu_o}\right)\boldsymbol{B}^T\boldsymbol{B}\mathrm{d}x\mathrm{d}y\right]\boldsymbol{p}_i - \left(\iint_e \boldsymbol{B}^T\boldsymbol{B}\mathrm{d}x\mathrm{d}y\right)\boldsymbol{p}_{ci} + \left(\iint_e \phi C_t \boldsymbol{N}^T\boldsymbol{N}\mathrm{d}x\mathrm{d}y\right)\frac{\partial \boldsymbol{p}_i}{\partial t} = 0 \tag{7}$$

其中：$\boldsymbol{B} = \begin{pmatrix} \frac{\partial N_1}{\partial x} & \frac{\partial N_2}{\partial x} & \cdots & \frac{\partial N_n}{\partial x} \\ \frac{\partial N_1}{\partial y} & \frac{\partial N_2}{\partial y} & \cdots & \frac{\partial N_n}{\partial y} \end{pmatrix}$

$$\boldsymbol{p}_i = \begin{pmatrix} p_1 \\ p_2 \\ \cdots \\ p_n \end{pmatrix};\ \boldsymbol{p}_{ci} = \begin{pmatrix} p_{c1} \\ p_{c2} \\ \cdots \\ p_{cn} \end{pmatrix}$$

式中 $\boldsymbol{N}^T$——$\boldsymbol{N}$ 的转置矩阵；

$\boldsymbol{B}$——相关系数；

$\boldsymbol{B}^T$——$\boldsymbol{B}$ 的转置矩阵；

x、y——单元结点的横、纵坐标；

$\boldsymbol{p}_i$——单元结点处的压力值（$i=1,\ 2,\ \cdots,\ n$），MPa；

$\boldsymbol{p}_{ci}$——单元结点处的毛细管压力值（$i=1,\ 2,\ \cdots,\ n$），MPa。

设 $\boldsymbol{K}_{ep} = \iint_e\left(\frac{KK_{rw}}{\mu_w} + \frac{KK_{ro}}{\mu_o}\right)\boldsymbol{B}^T\boldsymbol{B}\mathrm{d}x\mathrm{d}y$、$\boldsymbol{C}_{ep} = \iint_e \phi C_t \boldsymbol{N}^T\boldsymbol{N}\mathrm{d}x\mathrm{d}y$、$\boldsymbol{F}_{ep} = \iint_e \boldsymbol{B}^T\boldsymbol{B}\boldsymbol{p}_{ci}\mathrm{d}x\mathrm{d}y$，并对每个单元进行分析，即可得到矩阵方程，即：

$$\boldsymbol{K}_{ep}\boldsymbol{p}_i + \boldsymbol{C}_{ep}\frac{\partial \boldsymbol{p}_i}{\partial t} = \boldsymbol{F}_{ep} \tag{8}$$

式中 $\boldsymbol{K}_{ep}$——流度，D/mPa · s；

$\boldsymbol{C}_{ep}$——有效孔隙体积，m^3；

$\boldsymbol{F}_{ep}$——毛细管压力，MPa。

将水相饱和度方程积分后化为弱解形式，可得到水相饱和度方程的矩阵方程为：

$$\iint_e \boldsymbol{B}^{\mathrm{T}}\boldsymbol{B}(\boldsymbol{p}_i - \boldsymbol{p}_{\mathrm{ci}}^{n-1})\mathrm{d}x\mathrm{d}y + \iint_e \frac{\phi}{KK_{\mathrm{rw}}}\boldsymbol{N}^{\mathrm{T}}\boldsymbol{N}\frac{\partial \boldsymbol{S}_{\mathrm{w}}}{\partial t}\mathrm{d}x\mathrm{d}y - \iint_e \boldsymbol{B}^{\mathrm{T}}\boldsymbol{B}\boldsymbol{p}_{\mathrm{ci}}^{n-1}(\boldsymbol{S}_{\mathrm{w}}^{n} - \boldsymbol{S}_{\mathrm{w}}^{n-1})\mathrm{d}x\mathrm{d}y = 0 \tag{9}$$

设：$\boldsymbol{C}_{\mathrm{es}} = \iint_e \frac{\phi}{KK_{\mathrm{rw}}}\boldsymbol{N}^{\mathrm{T}}\boldsymbol{N}\mathrm{d}x\mathrm{d}y$、$\boldsymbol{K}_{\mathrm{es}} = -\iint_e \boldsymbol{p}_{\mathrm{ci}}^{n-1}\boldsymbol{B}^{\mathrm{T}}\boldsymbol{B}\mathrm{d}x\mathrm{d}y$、$\boldsymbol{F}_{\mathrm{es}} = -\iint_e \boldsymbol{B}^{\mathrm{T}}\boldsymbol{B}\mathrm{d}x\mathrm{d}y\,\boldsymbol{p}_i + \iint_e \boldsymbol{B}^{\mathrm{T}}\boldsymbol{B}\mathrm{d}x\mathrm{d}y\boldsymbol{p}_{ci}^{n-1} - \iint_e \boldsymbol{p}_{\mathrm{ci}}^{n-1}\boldsymbol{B}^{\mathrm{T}}\boldsymbol{B}\mathrm{d}x\mathrm{d}y\boldsymbol{S}_{\mathrm{w}}^{n-1}$，并对每个单元进行分析，即可得到矩阵方程：

$$\boldsymbol{C}_{\mathrm{es}}\frac{\partial \boldsymbol{S}_{\mathrm{w}}}{\partial t} + \boldsymbol{K}_{\mathrm{es}}\boldsymbol{S}_{\mathrm{w}}^{n} = \boldsymbol{F}_{\mathrm{es}} \tag{10}$$

1.2 树状复杂缝网模型建立

目前进行致密储层体积压裂数值模拟研究时常用的缝网模型主要为线网模型和离散化缝网扩展模型，此类模型假定主裂缝和次生裂缝之间相互平行或正交。假设条件过于理想，不能真实反应缝网形态，因此采用混合单元有限元法，建立更符合实际压裂形成的树状缝网模型。该模型满足实际压裂缝网内分支裂缝间距不同、长度不同的非对称、不规则特点，更接近体积压裂微地震监测结果[17]。树状复杂缝网网格剖分结果如图1所示，其中裂缝采用线单元描述的方法，地层采用任意三角形单元描述的方法，通过编制油藏数值模拟器对树状复杂缝网进行数值模拟研究，完成各裂缝参数的优化设计。

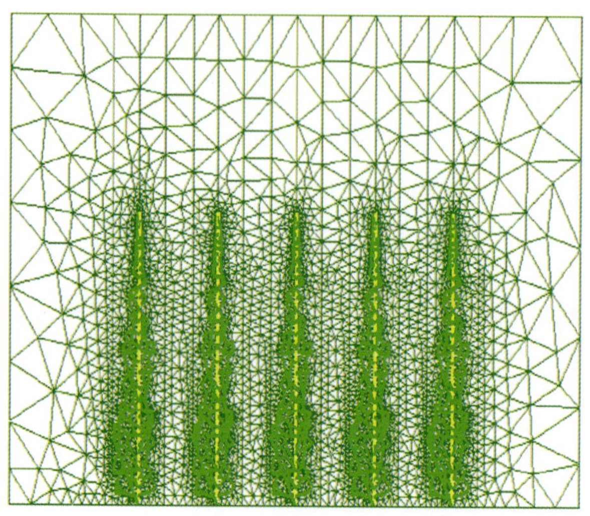

图1　树状复杂缝网网格剖分图

2 体积压裂裂缝参数优化设计

ZM地区地层压力为45MPa，渗透率为0.030mD，地层孔隙度为10.8%，原油黏度为9.5mPa·s，水黏度为0.5mPa·s，原油压缩系数为$12.2\times10^{-4}\mathrm{MPa}^{-1}$，水压缩系数为$4.6\times10^{-4}\mathrm{MPa}^{-1}$，岩石压缩系数为$0.44\times10^{-4}\mathrm{MPa}^{-1}$，将各裂缝参数及地层物性等数据分别代入式（10），对裂缝密度、裂缝导流能力、裂缝长度进行优化设计。

2.1 裂缝密度

裂缝密度以1000m水平段长内的裂缝条数表征，以10年内累计产油量作为评价标准，累计产油量和裂缝密度关系如图2所示。由图可以看出，累计产油量随裂缝条数增加逐渐增大，说明储层的有效动用程度不断增大。由于水平段长及裂缝长度恒定不变，因此采油井泄油面积对累计产油量的增长幅度产生限制。当裂缝条数为13条时，与12条裂缝相比，累计产油量增长率为6.26%；当裂缝条数大于13时，累计产油量的增长幅度相对较小，增长率均小于2%。由此可以确定，致密储层体积压裂最优裂缝密度为13条/1000m。

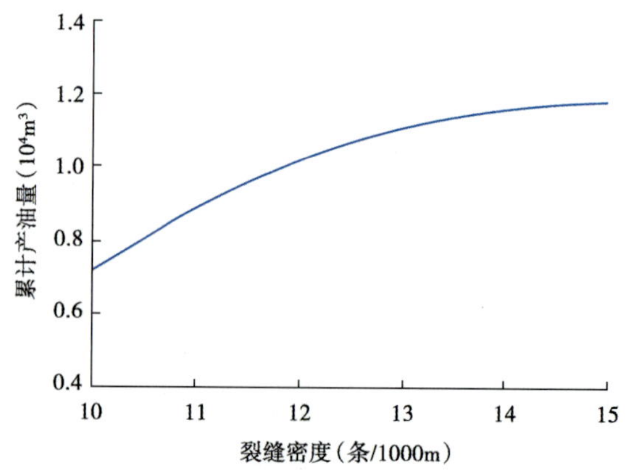

图2　累计产油量和裂缝密度关系曲线图

2.2 裂缝半长

累计产油量和裂缝半长关系曲线图如图3所示。由图可以看出，累计产油量随裂缝半长增大逐渐增大。裂缝半长增大，储层的泄油面积不断增大，但同时地层流体从裂缝流到井筒所受到的流动阻力也越大，因此累计产油量的增长幅度会逐渐减小。裂缝半长为 190m 与 160m 相比，累计产油量增长率为 7.63%；当裂缝半长大于 190m 时，累计产油量的增长幅度相对较小，增长率均小于 3%。由此可以确定，致密储层体积压裂最优裂缝半长为 190m。

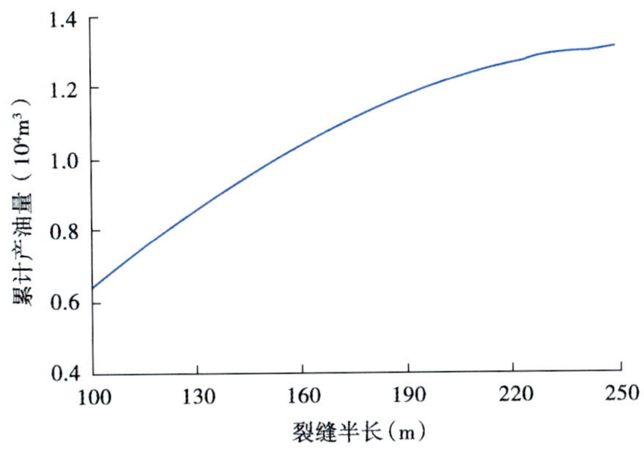

图 3　累计产油量和裂缝半长关系曲线图

2.3 裂缝导流能力

累计产油量和裂缝导流能力关系曲线图如图 4 所示。由图可以看出，累计产油量随裂缝导流能力增大逐渐增大，但由于采油井泄油面积及可动用程度不变，累计产油量的增长幅度逐渐减小。裂缝导流能力为 27D · cm 与 23D · cm 相比，累计产油量增长率为 5.84%；当裂缝导流能力大于 27D · cm 时，累计产油量的增长幅度相对较小，增长率均小于 2%。由此可以确定，致密储层体积压裂最优裂缝导流能力为 27D · cm。

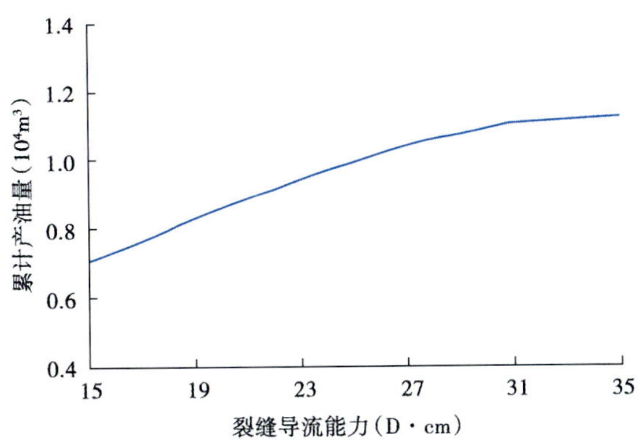

图 4　累计产油量和裂缝导流能力关系曲线图

2.4 裂缝参数影响权重计算

各裂缝参数对采油井累计产油量的影响程度不同，在进行压裂优化设计时可考虑各裂缝参数的影响权重，并对优化结果做出调整，以进一步提高采油井的开发效果。裂缝参数影响权重计算模型为：

$$y_i(k)=\frac{x_i(k)}{x_i(1)} \tag{11}$$

$$\eta_i=\frac{x_i(k)-x_i(1)}{y_i(k)-y_i(1)} \tag{12}$$

$$r_i=\frac{1}{m}\sum_{i=1}^{m}\eta_i \tag{13}$$

式中　y_i（k）——第 i 个指标的第 k 个归一化数值；

x_i（k）——第 i 个指标的第 k 个数值；

x_i（1）——第 i 个指标的第 1 个数值；

η_i——第 i 个指标的关联系数；

r_i——权重；

m——指标个数。

将数值模拟结果代入式（11）～式（13），可确定裂缝参数影响权重（表 1）。由表可以看出，裂缝长度对累计产油量的影响程度最大，裂缝导流能力对累计产油量的影响程度最小，说明通过提高裂缝长度来增大油井泄油面积更有利于提高油井累计产油量。因此在致密储层体积压裂设计时，可结合数值模拟优化结果对裂缝长度进行适当调整。

表 1　裂缝参数影响权重结果表

参数	所占权重值
裂缝长度	0.39
裂缝密度	0.34
导流能力	0.27

3 结　论

（1）通过建立适用于致密储层体积压裂的油水两相渗流有限元理论模型与树状复杂缝网模型，

完成致密储层体积压裂裂缝参数优化设计，最优裂缝密度为13条/1000m，最优裂缝半长为190m，最优裂缝导流能力为27D·cm。

（2）各裂缝参数对采油井10年内累计产油量的影响权重排序由大到小依次为：裂缝长度、裂缝密度、裂缝导流能力，在致密储层体积压裂优化设计中，在保证方案可行性的前提下可针对权重结果对裂缝参数进一步优化设计。

（3）此次研究考虑的裂缝参数相对较少，后续可增加相关裂缝参数作进一步研究分析。

参考文献

[1] Cipolla C L, Warpinski N R, Mayerhofer M, *et al.* The Relationship Between Fracture Complexity, Reservoir Properties, and Fracture-Treatment Design [J]. SPE Production & Operations, 2010, 25 (4): 438-452.

[2] 任丽娟. 致密油水平井体积压裂裂缝间距优化及分段产能评价 [G]//大庆油田有限责任公司采油工程研究院. 采油工程文集2018年第3辑. 北京：石油工业出版社，2018：59-62.

[3] 袁春敬，汪玉梅，杨光. 大庆油田致密扶杨油层缝网压裂技术研究与应用 [G]//大庆油田有限责任公司采油工程研究院. 采油工程文集2017年第3辑. 北京：石油工业出版社，2017：30-36.

[4] 白晓虎，齐银，陆红军，等. 鄂尔多斯盆地致密油水平井体积压裂优化设计 [J]. 石油钻采工艺，2015，37（4）：83-86.

[5] 冯福平，雷扬，陈顶峰，等. 基于有限元数值模拟的致密储层体积压裂效果影响参数分析 [J]. 油气藏评价与开发，2019，9（1）：29-33.

[6] Lee S, Min B, Wheeler M F. Optimal design of hydraulic fracturing in porous media using the phase field fracture model coupled with genetic algorithm [J]. Computational Geosciences, 2018, 35 (3): 1-17.

[7] 孙元伟，程远方，张卫防，等. 致密储层应力敏感性分析及裂缝参数优化 [J]. 断块油气田，2018，25（4）：89-93.

[8] 程远方，李友志，时贤，等. 页岩气体积压裂缝网模型分析及应用 [J]. 天然气工业，2013，33（9）：53-59.

[9] 陈作，薛承瑾，蒋廷学，等. 页岩气井体积压裂技术在我国的应用建议 [J]. 天然气工业，2010，30（10）：30-32.

[10] 裴艳丽，姜汉桥，李俊键，等. 页岩气新井压裂规模优化设计 [J]. 断块油气田，2016，23（2）：265-268.

[11] Lian Z, Hao Y, Lin T, *et al.* A study on casing deformation failure during multi-stage hydraulic fracturing for the stimulated reservoir volume of horizontal shale wells [J]. Journal of Natural Gas Science & Engineering, 2015, 23 (3): 538-546.

[12] 贾元钊，王孝超，余东合，等. 致密砂岩气藏水平井体积改造实践与认识 [J]. 钻采工艺，2017，40（2）：49-51.

[13] Fredd C N, Mcconnell S B, Boney C L, *et al.* Experimental Study of Fracture Conductivity for Water-Fracturing and Conventional Fracturing Applications [J]. SPE Journal, 2001, 6 (3): 288-298.

[14] 周祥，张士诚，邹雨时，等. 致密油藏水平井体积压裂裂缝扩展及产能模拟 [J]. 西安石油大学学报：自然科学版，2015，39（4）：53-58.

[15] 郭小哲，赵刚，刘学锋，等. 致密储层地层参数对体积压裂缝网的影响研究 [J]. 长江大学学报：自然科学版，2017，25（11）：78-83.

[16] 程远方，王光磊，李友志，等. 致密油体积压裂缝网扩展模型建立与应用 [J]. 特种油气藏，2014，21（4）：138-141.

[17] 赵金洲，李勇明，王松，等. 天然裂缝影响下的复杂压裂裂缝网络模拟 [J]. 天然气工业，2014，34（1）：68-73.

提高三类储层压裂体积改造率研究与应用

孙传伟

（大庆油田有限责任公司第四采油厂）

摘　要：A区块三类油层储量大部分未得到动用，该类储层发育差、连通差、剩余油分散，常规压裂改造效果不理想，为此，开展了以提高压裂体积改造率为目标的研究工作。通过纵向上细分压裂段、横向上优化裂缝穿透比、立体上井组对应挖潜等方式，提高了三类油层的动用程度。现场共开展试验41口井，实现了单井初期日增液量为48.5t，日增油量为7.5t，单井阶段累计增油2000t以上的好效果。该研究为三类油层有效开发提供了技术支撑。

关键词：三类油层；压裂；体积改造率；对应挖潜；有效开发

A区块三类油层经过长期开发，表内薄层和表外储层仍未得到有效动用，其储层沉积特征主要以外前缘相为主，岩性、物性及含油性较差，但仍有较大剩余储量，是水驱挖潜的重点和稳产的重要支撑。针对该类储层特点，通常采用限流法压裂等技术，但存在压开层数少、措施效果不理想的问题。为进一步提高三类储层措施改造效果，通过加强地质分析，确定剩余油潜力，以提高三类储层压裂体积改造率为目标，开展压裂方案优化工作。近几年开展了油水井对应精控压裂、细分对应限流法压裂试验，均取得了较好的效果，为油田后期剩余油挖潜提供技术支撑[1]。

1 三类储层开发难点

A区块以表内薄层和表外储层发育为主，该类储层油层薄、发育差、连通差，剩余油分布比较零散[2]，在开发中的难点主要表现在以下3个方面：一是储层动用差，采出程度低；二是以该类储层发育为主的二次和三次加密井低产比例高；三是常规压裂改造措施针对性不强，措施效果较差。

分析措施效果差主要有以下两方面原因：（1）单卡压裂段内小层多、层间差异大，小层压开率低，低渗透薄差油层压不开；（2）压裂改造规模小，薄差油层和表外储层不能有效连通，压裂后产量递减快。

2 压裂体积改造率概念

国外改造油藏体积主要是针对非常规储层改造，如页岩气、致密气等，国内主要用于低渗透油田开发，改造油藏体积（SRV）越大，措施效果越好[3]。为提高三类储层压裂措施效果，开展提高压裂体积改造率的研究，即提高单井压裂改造体积与单井可控油藏体积的比值。

压裂体积改造率反映了纵向细分改造程度和横向穿透比优化情况，分为厚度改造率和裂缝穿透比，其公式分别为：

$$s = \sum_{i=1}^{n} (h_1 + h_2 + \cdots + h_i)/H \tag{1}$$

$$\lambda = r/R \tag{2}$$

式中　s——厚度改造率；

h_i——第 i 个小层压开砂岩厚度（$i=1, 2, 3, \cdots, n$），m；

H——单井射开砂岩总厚度，m；

λ——裂缝穿透比；

r——裂缝半长，m；

R——油水井距离，m。

作者简介：孙传伟，1986年生，男，工程师，现主要从事压裂方案优化及压裂现场监督工作。

邮箱：sunchuanwei@petrochina.com.cn。

单井改造体积模型如图 1 所示。

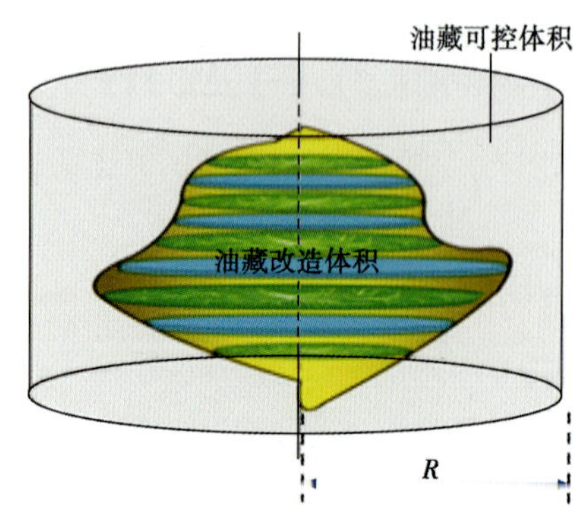

图 1　单井改造体积模型图

通过开展压裂体积改造率优化方法研究，结合储层发育、射孔井段和工艺条件，纵向上精细划分压裂卡段，横向上优化裂缝穿透比，平面上油水井对应挖潜，可大幅度提高三类储层压裂改造体积，提高三类储层措施改造效果。

3 实施方法

提高压裂体积改造率总体设计思路有“三个对应”和“三个优化”。

选井选层方面以“三个对应”为指导：一是平面上突出油水井对应，以井组为单元对应改造；二是纵向上突出单砂体对应，以建立有效驱替为目的立体挖潜；三是规模上突出砂体与缝长对应，以均匀动用为目标个性化改造，等效缩小注采井距，建立了有效驱替关系。

压裂工艺设计方面以“三个优化”为原则：一是优化卡段划分，实现薄差储层细分单卡；二是优化工艺参数，实现薄差储层有效动用；三是优化裂缝穿透比，实现薄差储层有效连通。通过油水井对应压裂、立体挖潜，实现三类储层压裂改造体积和水驱最终采收率的提高[4]。

3.1 精细划分压裂段

（1）针对二次和三次加密井小层数多的特点，根据射孔层数及间距将不同发育类型的小层进行单卡。

（2）针对二次和三次加密井油层薄的特点，结合压裂段难压指数进行分析预判，对难压层和表外储层进行单卡[5-6]。

（3）根据不同射孔完井方式，优化二次限流压裂或多裂缝压裂，提高三类储层压裂改造体积，并采取有效压裂工艺措施，提高三类储层压开率。

以 A 区块内注水井 AA1 井为例，主要开采一类、二类表外储层和少部分表内薄层。该井组采油井限流压裂完井，注水井普通射孔完井，压裂后存在注水井注不进水、采油井产液强度低、油层动用状况差等问题。AA1 井组投产以来的生产曲线图如图 2、图 3 所示。

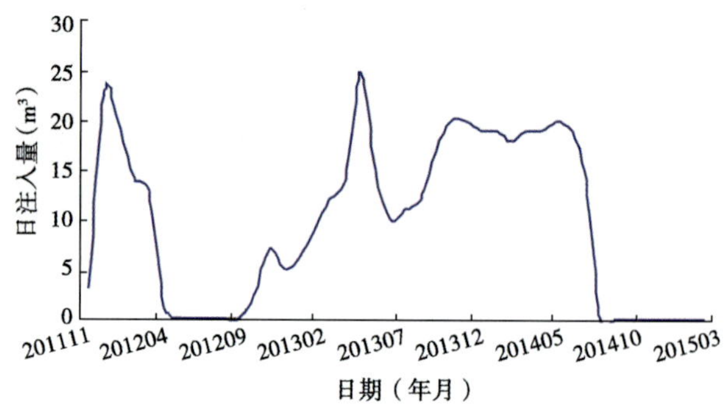

图 2　AA1 井压裂优化设计前生产曲线图

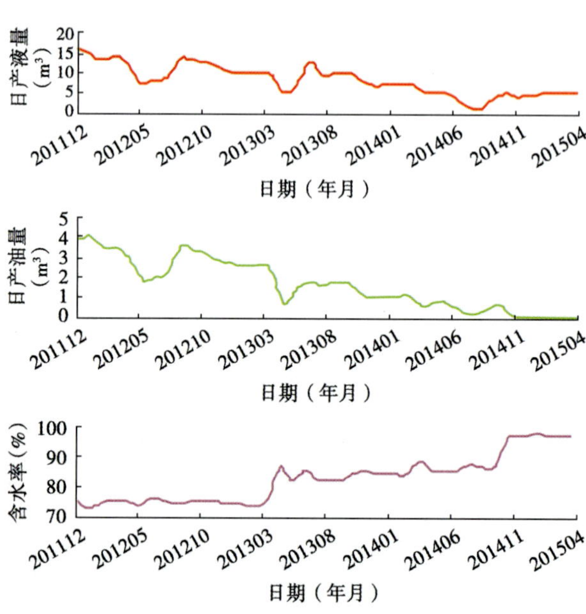

图 3　AA1 井周围连通采油井压裂优化设计前生产曲线图

对井组 3 口连通油水井实施整体方案优化，针对其中 2 口采油井限流投产时单卡小层多、改造程度低的问题，将全井压裂段划分为 9～15 段（表 1），单段内小层数为 2.9～3.3 个，难压层和表外层合卡或单卡，保证压裂改造的有效层数。

表 1　井组 3 口油水井对应压裂设计参数表

序号	井号	砂岩厚度（m）	有效厚度（m）	段数（段）	施工参数			平均裂缝半长（m）	平均裂缝穿透厚度（m）
					单段小层数（层）	单段孔数（个）	总砂量（m^3）		
1	注水井 AA1	11.4	0.8	9	3.0		96	22.5	16.0
2	采油井 AB1	18.9	3.9	15	2.9	3.7	293	27.9	19.0
3	采油井 AB2	11.8	1.6	10	3.3	3.7	216	25.4	18.0
平均		14.0	2.1	11.3	3.1	3.7	202	26.2	17.7

通过现场微地震监测，设计裂缝压开率达到 100%。单卡段炮眼数最低（为 2 个），采取压裂前加酸处理方式，压裂施工中逐次提高排量和砂比等措施，最高破裂压力达到 48MPa，最大排量达到 4.0m^3/min，单层最大加砂量为 24m^3，施工成功率达到 100%。从吸水剖面也可以看出吸水层位明显增加。

2 口采油井压裂后初期平均单井日增液量为 69.7t，日增油量为 14.2t，增液强度为4.54t/(d·m)，压裂初期日产液量是投产初期的 2.9 倍，日产油量是投产初期的 3.0 倍，与常规压裂相比提高 3 倍以上。目前平均单井日增油量仍保持在 4.3t，阶段有效期达到 461.5 天，平均单井阶段累计增油量达 2777.9t（表 2）。

表 2　措施前后两口采油井数据对比表

井号	砂岩厚度（m）	有效厚度（m）	措施前				措施后				差值				增液强度[t/(d·m)]	阶段累计增油量（t）
			日产液量（t）	日产油量（t）	含水率（%）	沉没度（m）	日产液量（t）	日产油量（t）	含水率（%）	沉没度（m）	日产液量（t）	日产油量（t）	含水率（%）	沉没度（m）		
AB1	18.9	3.9	9.7	0.5	94.8	912	83.5	10.0	88.0	912	73.8	9.5	-6.8	0	3.90	1841.2
AB2	11.8	1.6	5.6	0.1	97.9	41	71.1	18.9	73.4	481	65.5	18.8	-24.5	440	5.55	3714.5
平均	15.4	2.8	7.7	0.3	96.1	477	77.3	14.5	81.3	697	69.7	14.2	-14.8	220	4.54	2777.9

3.2 优化设计裂缝穿透比

根据不同砂体发育状况、沉积类型和油水井连通关系，结合现有的穿透比优化图版，在确保有效驱动和避免裂缝水淹的基础上，优化设计油水井压裂穿透比[7]。

以另一井组采油井 BB1 为例，措施前该井日产液量为 6.7t，日产油量为 0.9t，累计产油量为 0.0493×10^4t。连通注水井日注水量为 12m^3，剖面显示 4 个小层吸水，对 2 口油水井实施对应压裂改造体积优化设计。

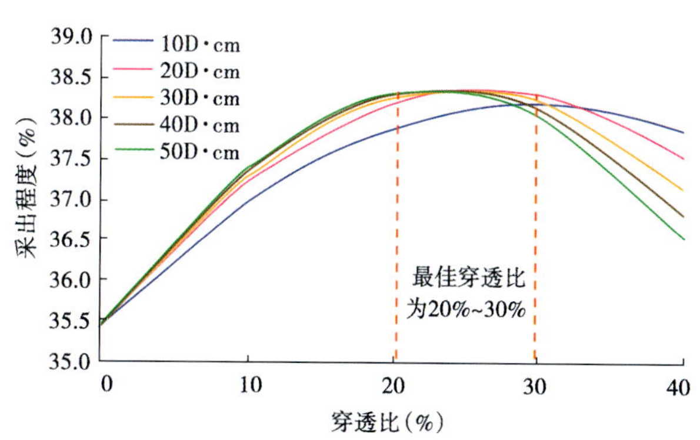

图 4　薄差层裂缝参数优化图版

根据薄差层裂缝穿透比参数优化图版（图 4），设计穿透比为 20%~30%。根据砂体发育情况和油水井连通关系，连片分布表外储层适当加大穿透比，表内薄层与表外储层交互分布适当控制穿透比，井组对应压裂后注采井距减少 25~35m，保证薄差储层和表外储层压裂后建立有效连通。

为进一步验证压裂后的连通状况，对该井组进行了示踪剂监测，从监测结果显示：油水井对应压裂，连通采油井见示踪剂层数多、时间短；单独压裂注水井，连通采油井只有部分层位检测到示踪剂；薄差储层通过压裂体积改造后建立了连通关系。

注水井剖面测试显示吸水层数明显增多，采油井环空测试显示表外储层得到有效动用，该井压裂后初期日增液量为 30t，初期日增油量为 6.4t，年累计增油量为 1731t（表 3）。

表 3　多裂缝精控压裂采油井措施效果统计表

井号	砂岩厚度（m）	有效厚度（m）	措施前				措施后				差值		年累计增油量（t）
			日产液量（t）	日产油量（t）	含水率（%）	井底流压（MPa）	日产液量（t）	日产油量（t）	含水率（%）	井底流压（MPa）	日产液量（t）	日产油量（t）	
BB1	14.1	3.1	8.9	1.3	85.9	4.1	38.9	7.7	80.3	680	30	6.4	1731

3.3 区块整体对应改造

区块整体对应改造是纵向上细分压裂段、横向上优化裂缝穿透比，不仅提高了压裂厚度改造率，同时也提高了近井地带导流能力，通过区块整体对应改造，实现薄差储层长期均衡开采。

为保证薄差储层压裂效果，在杏北开发区试验 41 口老井（其中采油井 34 口，注水井 7 口），均采用区块油水井对应改造方式，通过与常规压裂相对比，压裂体积改造整体优化单井体积改造率是常规压裂的 3.8 倍，有效期内平均单井累计增油量是常规压裂的 4.1 倍（表 4）。

表 4　不同压裂改造体积效果对比表

压裂方式	平均压裂段数（段）	体积改造率（%）	有效期内平均单井累计增油量（t）
常规压裂	4～5	5.1	502
常规压裂优化	4～5	8.9	881
压裂体积改造整体优化	8～12	19.5	2060

4 现场实验

以提高三类油层“压裂改造体积率”为目标，开展整体压裂方案设计优化工作，截至 2018 年 12 月，试验区 41 口老井平均单井压裂段数为 8 段，平均单井加砂量为 124m^3，初期平均单井日增液量为 48.5t，日增油量为 7.5t，含水率下降 6.9 个百分点，平均单井有效期为 946 天，平均单井阶段累计增油量达到 2000t 以上。

试验应用 10 口三次加密新井（其中采油井 9 口，注水井 1 口），投产初期日产液量为 49.6t，日产油量为 5.8t，阶段累计产油量为 1180t。与 59 口常规压裂投产井相对比，初期日产油量是常规压裂的 2.7 倍，阶段累计产油量是常规压裂的 2.3 倍。

5 结　论

（1）针对三类储层油层特点，开展提高三类储层压裂体积改造率的研究与应用，现场试验增油效果显著，该方法可有效提高三类储层的动用程度。

（2）通过示踪剂监测，验证了优化后的裂缝穿透比能够实现薄差储层有效连通；通过剖面测试，验证了精细划分压裂段能够实现薄差储层有效动用；通过对压裂后效果持续跟踪，得出区块整体对应改造实现了三类储层长期动用的结论。

（3）压裂体积改造率主要包括厚度改造率和裂缝穿透比。通过试验效果可得出厚度改造率越大措施效果越好；但裂缝穿透比需要根据不同层位发育、连通关系进行优化，下步将继续探索试验，探索最好压裂效果的最佳压裂裂缝改造体积。

参 考 文 献

［1］吉德利 J L. 水力压裂技术的新发展［M］. 蒋湞，单文文 译. 北京：石油工业出版社，1995.

［2］汪玉梅，张有才，苏红梅，等. 大庆油田薄差储层细分压裂改造［J］. 油气井测试，2006，15（1）：53-54.

［3］马新仿，张士成. 水力压裂技术的发展现状［J］. 河南石油，2002，16（1）：17-21.

［4］徐丽丽，刘亚三，魏显峰. 精控压裂技术在三类薄差储层挖潜中的应用［G］//大庆油田有限责任公司采油工程研究院. 采油工程文集 2016 年第 3 辑. 北京：石油工业出版社，2016：27-31.

［5］才辉. 薄差储层对应精细控制压裂方法初探［J］. 内蒙古石油化工，2014（15）：67-70.

［6］刘爽. 精细注采工艺技术在萨中油田的应用效果［G］//大庆油田有限责任公司采油工程研究院. 采油工程文集 2017 年第 2 辑. 北京：石油工业出版社，2017：59-62.

［7］张琪，万仁溥. 采油工程方案设计［M］. 北京：石油工业出版社，2002：210-241.

黏度保留率对三元复合溶液实验结果影响分析

李 亚

(大庆油田有限责任公司勘探开发研究院)

摘 要：为了研究溶液黏度保留率变化对弱碱 ASP 溶液的驱油效果及注入压力影响，开展了强碱和弱碱 ASP 溶液黏度保留率对驱油效果及注入压力影响的对比分析。通过室内岩心驱替实验，对比分析了强碱和弱碱 ASP 溶液在不同溶液黏度时的剪切程度、不同渗透率人造岩心的驱油效果及对注入压力的影响。结果表明：随着黏度保留率的减小，弱碱 ASP 溶液驱油效果和最高注入压力都随之下降，但一直高于强碱 ASP 溶液；当黏度保留率在 65%及以上时，强碱和弱碱 ASP 溶液应用于中、高渗透率岩心的驱油效果及最高注入压力基本相同。该实验结果为分质工艺在弱碱 ASP 溶液驱油的应用提供了理论指导。

关键词：ASP 溶液；弱碱；黏度保留率；驱油效果；注入压力

随着三元复合驱（ASP）溶液驱油应用规模的扩大，弱碱驱替对象已转为二类、三类油层[1-3]，其层间非均质性强，同时动用高、低渗透油层较困难；而分质工艺通过机械剪切 ASP 溶液，改变 ASP 溶液黏度，可实现单层 ASP 溶液黏度调节，从而提高中、低渗透率油藏动用程度。

目前分质工艺已在强碱 ASP 区块取得了良好的应用效果[4-7]，但该工艺未在弱碱 ASP 区块进行现场试验，未对不同黏度保留率的弱碱 ASP 溶液的驱油效果等影响进行研究。为此，通过不同渗透率的岩心驱替实验，开展了对强碱和弱碱 ASP 溶液黏度保留率对驱油效果及注入压力影响的对比分析，可为分质工艺在弱碱 ASP 溶液驱油应用提供理论指导。

1 室内实验

1.1 实验设备

实验用设备主要包括电子天平、真空泵、压力传感器、恒温箱、平流泵、磁力搅拌器、标准数字压力表和各种连接设备等[8]。

1.2 实验条件

（1）实验用的岩心为不同渗透率人造岩心，岩心参数如表 1 所示。

表 1 实验用岩心物性参数表

序号		1	2	3
渗透率（mD）		0.2	0.3	0.4
孔隙度（%）	实验前	22~29		
	实验后	59~77		
长度（cm）		30		
宽度（cm）		4.5		
高度（cm）		4.5		

（2）实验用水的总矿化度为 6778.3mg/L，模拟盐水的离子含量如表 2 所示。

（3）驱替实验用水为现场实际注入水，其经过微孔过滤，并去除了杂质。

作者简介：李 亚，1981 年生，女，工程师，现主要从事三次采油用驱油剂的研制与评价检测及三次采油物理模拟研究方面的工作。

邮箱：liya123@ petrochina. com. cn。

表 2 大庆油田模拟盐水离子组成表 单位：mg/L

离子	$K^+ + Na^+$	HCO_3^-	Ca^{2+}	Cl^-	SO_4^{2-}	Mg^{2+}	总矿化度
含量	2193.7	2054.4	23.1	2363.5	77.1	66.5	6778.3

（4）实验使用的油为专用油，在 45℃ 下黏度为 9.8mPa · s，且经微孔过滤，去除了杂质。实验过程中温度保持为 45℃。

（5）试验用驱替剂：试验用碱剂（A）为氢氧化钠、碳酸钠；试验用表面活性剂（S）为烷基苯磺酸盐；聚合物（P）为 HPAM 聚合物（分子量为 2500×10^4）。

2 实验步骤

（1）对配制完成的强碱和弱碱 ASP 溶液进行剪切，黏度保留率分别为 80%、65%、50%。

（2）将岩心静置于 45℃ 恒温箱内 12h，应用岩心饱和法，测量岩心孔隙度。

（3）在相同试验条件下进行油驱水，至岩心出口不出水时停止，使岩心达到饱和油状态。

（4）以恒定驱替速度，使用人工配制盐水驱油，以达到现场实际含水条件，并根据记录数据计算含水率、水驱采出程度。

（5）注入强碱和弱碱 ASP 溶液段塞 0.6PV，驱至岩心含水率达到 98% 时，停止实验，计算 ASP 溶液段塞阶段采出程度。

3 实验方案

为确定黏度保留率对弱碱 ASP 驱油效果及注入压力的影响，对每种渗透率岩心进行不同剪切程度的弱碱和强碱 ASP 溶液的驱油实验，其中，黏度保留率分别为 100%（溶液原样）、80%、65%、50%，通过对比分析，找出不同 ASP 溶液对驱油效果及注入压力的影响。

4 实验分析

对不同黏度保留率弱碱和强碱 ASP 溶液在不同渗透率岩心的驱替实验结果进行统计，对比分析不同黏度保留率对驱油效果及注入压力的影响。

4.1 不同体系驱油效果的对比

强碱和弱碱 ASP 溶液分别在不同渗透率岩心上驱油效果如图 1 所示。由图可以看出，弱碱 ASP 溶液的驱油效果都优于强碱 ASP 溶液。

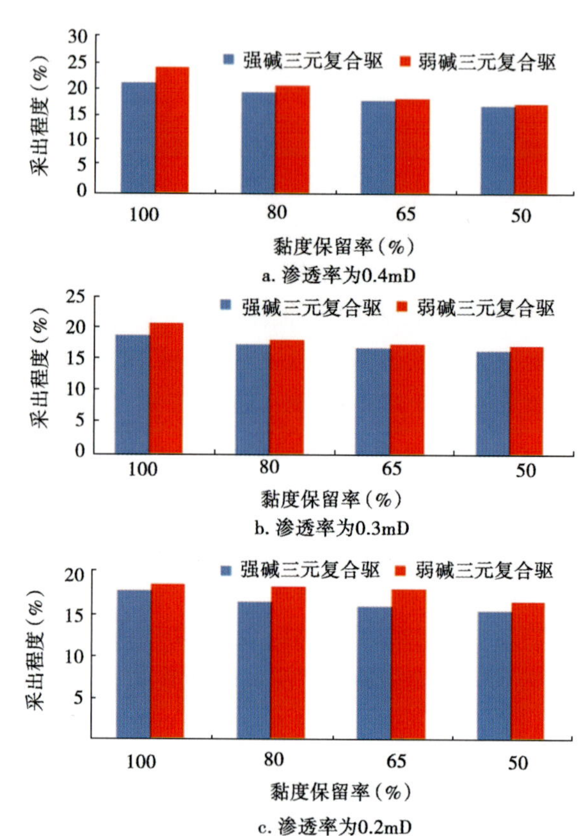

图 1 不同驱油体系采出程度对比曲线图

以渗透率为 0.4mD 的岩心为例：强碱 ASP 溶液黏度保留率为 100%、80%、65% 和 50% 的溶液在 0.4mD 渗透率的岩心上的采出程度分别为 20.99%、19.23%、17.6%、16.6%；弱碱 ASP 溶液黏度保留率为 100%、80%、65% 和 50% 的溶液在 0.4mD 渗透率的岩心上的采出程度分别为 23.82%、20.45%、17.95%、16.96%。由此而知：在渗透率为 0.4mD 的岩心上，强碱与弱碱 ASP 溶液原样二者的差值分别为 2.83%、1.22%、0.35%、0.36%。

同理可以得出在渗透率为 0.3mD 的岩心上，二者的差值分别为 1.85%、0.64%、0.56%、0.71%；在渗透率为 0.2mD 的岩心上，二者的差值分别为 1.70%、1.70%、2.00%、1.00%。综合所述，当黏度保留率不高于 65% 时，强碱 ASP 溶液与弱碱 ASP 溶液在渗透率为 0.3~0.4mD 岩心上的驱油效果相差不多。

4.2 不同驱油体系最高注入压力

强碱和弱碱 ASP 溶液分别在不同渗透率岩心上注入压力的对比情况如图 2 所示。由图可以看出，无论是否经过了剪切，弱碱 ASP 溶液的最高注入压力都高于强碱 ASP 溶液。

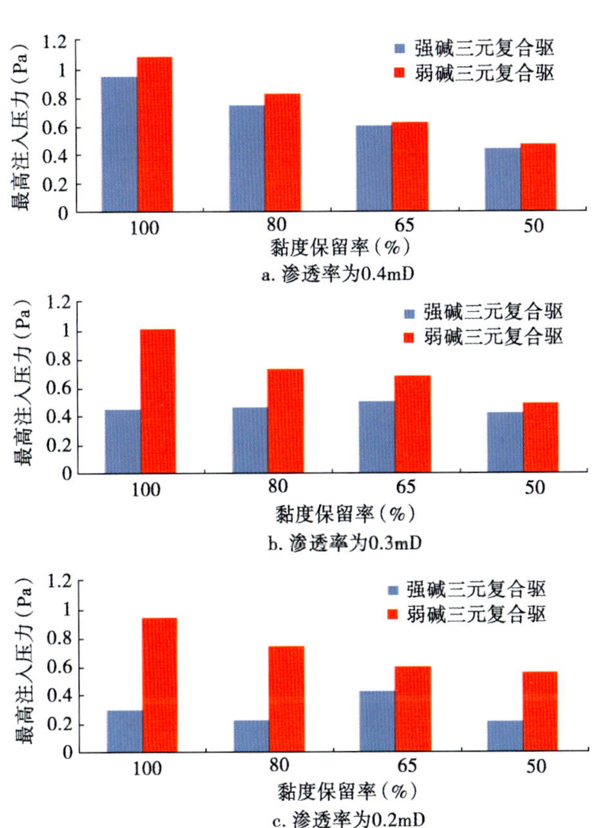

图 2　不同驱油体系最高注入压力对比曲线图

以渗透率为 0.4mD 的岩心为例：强碱 ASP 溶液黏度保留率为 100%、80%、65% 和 50% 的溶液驱油时最高注入压力分别是 0.94MPa、0.74MPa、0.60MPa、0.44MPa；而弱碱 ASP 溶液黏度保留率为 100%、80%、65% 和 50% 的溶液驱油时最高注入压力分别为 1.08MPa、0.82MPa、0.62MPa、0.47MPa。二者的差值分别为 0.14MPa、0.06MPa、0.02MPa、0.03MPa。同理，在渗透率为 0.3mD 的岩心上，二者的差值分别为 0.56MPa、0.27MPa、0.18MPa、0.07MPa；在渗透率为 0.2mD 的岩心上，二者的差值分别为 0.64MPa、0.51MPa、0.17MPa、0.34MPa。由此可以看出，当黏度保留率小于 65% 时，强碱 ASP 溶液与弱碱 ASP 溶液在渗透率为 0.3~0.4mD 岩心上的最高注入压力已经基本相同。

5 结　论

（1）弱碱 ASP 溶液采出程度及注入压力均高于强碱 ASP 驱溶液。

（2）ASP 溶液的黏度对驱油效果有着至关重要的影响，在注入条件允许的情况下应尽可能选择高黏度弱碱 ASP 溶液进行驱油。

（3）剪切前后的强碱和弱碱 ASP 驱对于驱油效果及注入压力的影响基本一致，尤其是黏度保留率小于 65% 时，因此分质工艺可在弱碱 ASP 驱油现场大规模应用。

参考文献

[1] 程杰成，吴军政，胡俊卿．三元复合驱提高原油采收率关键理论与技术［J］．石油学报，2014，35（2）：310-318.

[2] 张世东．聚驱配注工艺黏损分析方法研究［J］．石油地质与工程，2010，29（6）：27-28.

[3] 蔡萌，孙英，刘龙达，等．三元复合溶液在偏心配注器中流动流场的数值分析［G］//大庆油田有限责任公司采油工程研究院．采油工程文集 2013 年第 1 辑．北京：石油工业出版社，2013：12-16.

[4] 柴方源，徐德奎，蔡萌．二、三类油层聚合物驱全过程一体化分注技术［J］．大庆石油地质与开发，2013，32（2）：92-95.

[5] 李建云．剪切后聚合物性能实验研究［G］//大庆油田有限责任公司采油工程研究院．采油工程文集 2012 年第 1 辑．北京：石油工业出版社，2012：9-12.

[6] 贾德友．三元复合驱多向分质注入技术研究及应用［G］//大庆油田有限责任公司采油工程研究院．采油工程文集 2017 年第 3 辑．北京：石油工业出版社，2017：1-4.

[7] 倪寿亮．聚合物分子量的测试与表征［J］．广东化工，2012，39（2）：190-192.

[8] 赵凤兰，李子豪，李国桥，等．三元复合驱后关键储层特征参数试验研究［J］．西南石油大学学报：自然科学版，2016，38（5）：157-164.

井下油水分离同井注采技术在高含水高产液井的应用

周广玲

（大庆油田有限责任公司采油工程研究院）

摘　要：针对大庆油田日产液量大于80t的高含水高产液井，为了减少地面无效水循环，降低采油井采出液含水率，研制了井下油水分离同井注采技术。井下采出螺杆泵与注入电泵机组为两套运行系统，排量独立调节，保证了技术系统的高效分离及灵活的生产制度，配套使用了井下监测装置和远程监控等技术，实现了注采系统运行状态及参数的实时监测和及时调整。现场试验效果表明：措施后，3口试验井平均日产液量降低了74.05%，平均含水率下降了4.1%，平均免修期达到620d，年节约地面水处理量达10.7×10^4t，取得了较好的试验效果及经济效益。井下油水分离同井注采技术对高含水高产液井具有良好的稳油控水效果，为油田高含水高产液井的经济开采提供了新思路，具有广泛的应用价值。

关键词：高含水高产液井；井下油水分离；含水率；井下监测装置；远程控制技术

目前大庆油田日产液量大于80t的高含水高产液井约6000口，其中，含水率超过98%的井数占到了1/3以上，仅2000余口高含水高产液井日产水总量达到了26×10^4t，日产水处理费用高达300万元。产液量大但含油少，大量污水低效、无效循环，带来诸多问题，如：(1)举升能耗上升、地面集输和处理费用不断增加；(2)地面水处理量越来越大，环保问题日益严峻；(3)高含水关井与日俱增，油田稳产受到影响。因此，控水、稳油已成为高含水高产液井，乃至特高含水油田开发的共性技术难题高含水[1-4]。

针对高含水高产液井存在的地面水处理量大、低效、无效循环及油井生产经济效益低等问题，开展了井下油水分离同井注采技术现场试验。

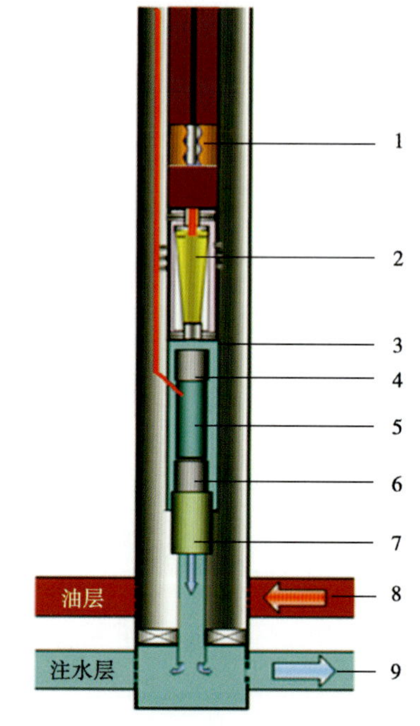

图1　井下油水分离同井注采管柱结构示意图

1—采出螺杆泵；2—水力旋流器；3—过流外管；4—上保护器；5—电动机；6—下保护器；7—注入电泵；8—采出液方向；9—注入水方向

1 井下油水分离同井注采技术

井下油水分离同井注采管柱（图1）由上至下主要由采出螺杆泵、水力旋流器、过流外管、上保护器、电动机、下保护器及注入电泵组成。

作者简介：周广玲，1984年生，女，工程师，现主要从事机械采油举升工艺研究工作。

邮箱：zhouguangling@petrochina.com.cn。

1.1 基本结构与工作原理

井下采出螺杆泵与注入电泵机组为两套运行系统，可以独立调节。其中采出螺杆泵是在常规螺杆泵基础上设计的，通过对橡胶配方优选、泵结构参数优化[5-6]、制造工艺改进，提高了泵的耐磨、耐老化性能，使疲劳寿命更长。注入电泵机组是在常规电泵举升工艺基础上研制的，通过对电动机、泵、联接器等结构进行改进及优化，将泵放到电动机下面，可实现增压泵功能。此设计能够避免潜油电缆过封隔器，可提高整体工艺的可靠性。目前设计的注入电泵机组电动机功率可达 50kW，在工作压力为 16~18MPa 条件下日处理液量为 60~150t，可满足长垣水驱二类、三类储层有效注入。

地面控制部分包括采出螺杆泵控制装置和注入电泵机组控制装置。外输 380V 交流电经过采出螺杆泵控制装置变频后带动井口驱动装置旋转，利用抽油杆将扭矩传送给采出螺杆泵；外输 380V 交流电经过注入电泵机组控制装置，通过升压变压器将电压升高到 1140V 后，输送给井下电动机并带动泵旋转。地层中的油水混合液在采出螺杆泵的抽汲作用下进入水力旋流器，经过高速的旋转，在离心力作用下，混合液中的油水被分离[7]，含油较多的液体顺内旋流沿水力旋流器顶部溢流口进入采出螺杆泵，被举升至地面；而含水较多的液体沿外旋流向下运移至底流口，通过注入电泵将液体回注到指定的注水层，进而实现同一井筒内的注入与采出。

1.2 技术特点

（1）实现单井同井注采，能够大幅度降低地面产水量及采出液含水率。

（2）注入与采出为两套独立系统，排量独立调节，水力旋流器可调配性能高、分流比稳定，保证了高效分离。

（3）采用倒置电泵作为注入泵，提升了注入量和注入压力。

（4）井下采出液含水率波动时，采出螺杆泵可单独生产，生产制度灵活。

2 配套技术

2.1 井下监测装置

为了实时掌握井下油水分离同井注采系统注入电泵的工作状态，及时发现并预防井下工况变化对注入电泵机组的影响，根据变化对系统运行进行实时调整，确保井下分离与注采系统在最优的配比区间运行，研发了同井注采井下监测装置（图 2）。

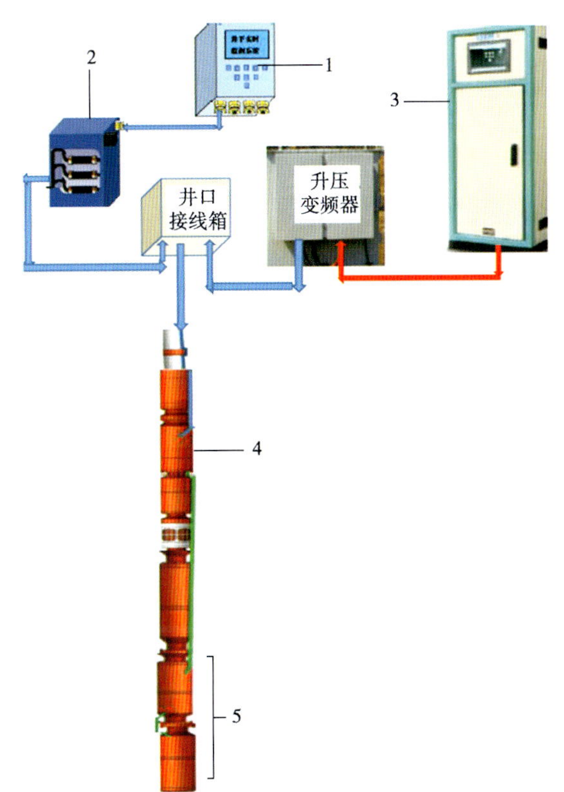

图 2　井下监测装置示意图

1—地面集成控制屏；2—地面扼流装置；3—变频器；4—潜油电动机；5—井下监测装置

井下监测装置主要由地面设备和井下设备两部分组成，将其安装在注入电泵下端，可以实时监测注入压力和流量的变化。

其中，地面部分由地面集成控制屏和地面扼流装置组成。地面集成控制屏主要作用是与井下集成监测装置进行通讯，再以调制电流信号为基础的连续数据流中，计算出所测量参数的测量值，经过科学、有效处理，将其转化为操作者可以辨识的有用信息，在触摸屏进行直观显示。

地面扼流装置是注入电泵机组井下监测装置安装在井口附近的重要地面电气设备，将潜油电泵的三相高压交流供电电源与监测装置信号的低压电源进行交流限制，实现有效隔离；以防止高压交流电源的大电流进入地面集成控制屏，对系统状态检测设备构成破坏。同时允许携带信息的直流电源通过，起到通直流阻交流的作用。

地面扼流装置内置三相限流性质电抗器，利用三相动力电路在两个星点等势原理，采用星形接法形成的地面模拟星点与井下潜油电动机三相对称绕组呈星形接法形成的尾端星点。地面扼流装置为地面集成控制屏与井下监测装置提供重要的直流电源和数据信号传输通道。

2.2 远程监测技术

远程监测系统分别安装在采出螺杆泵和注入电泵机组的控制柜中，在单片机的控制下，实时采集转速、电压、电流、井下注入压力等参数，一旦检测到线路来电、停电、启抽、停井等情况，就会通过 GSM 网络向监控中心发送状态信号和电量参数，系统接收到信号后，对信号处理，通过文字信号进行显示，同时存盘、统计和分析。远程监测装置安装位置如图 3 所示。

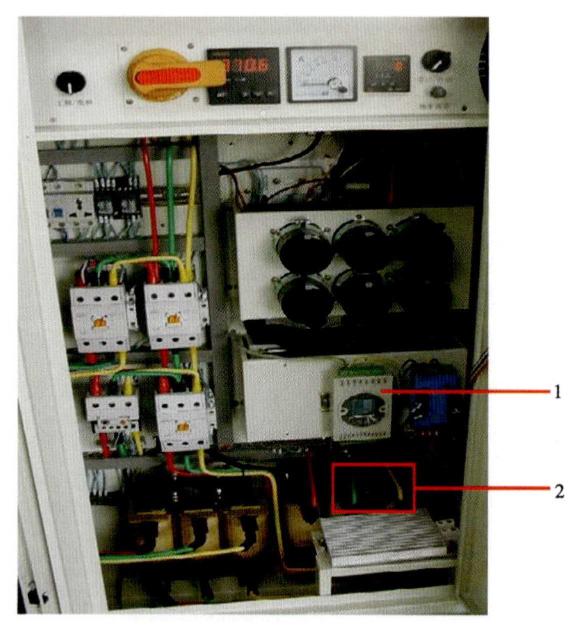

图 3　远程监测装置安装位置图

1—数据采集装置；2—数据收集传输装置

2.3 潜油电缆保护装置

由于井下油水分离同井注采技术在工作的过程中振动较大，常常造成钢板卡子（图 4）松动、脱落，导致潜油电缆刮碰、破损，甚至发生故障停机，因此，研制了锁紧式单双联电缆保护器（图 5），既能防止下井过程中电缆刮碰，又能避免潜油电缆上、下移动，减少了因潜油电缆造成注入电泵机组停机问题。

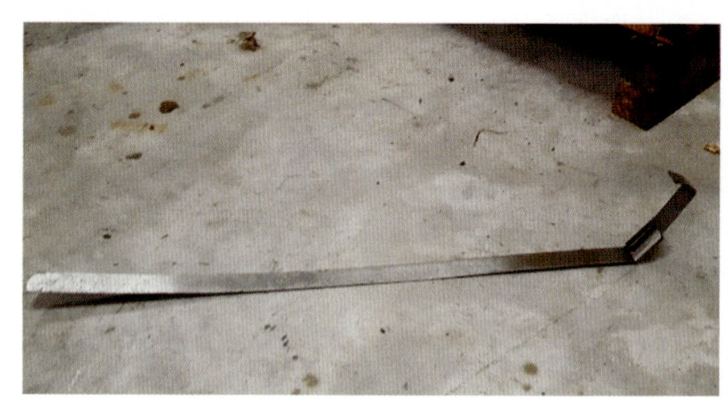

图 4　常规钢板卡子实物图

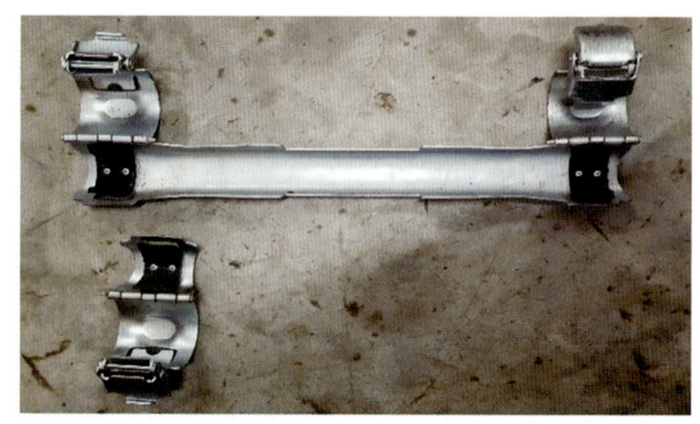

图 5　锁紧式单双联电缆保护器实物图

3 现场试验

为了验证井下油水分离同井注采技术在高含水高产液采油井的应用效果，选取了 3 口井开展现场试验，措施前后生产参数如表 1 所示。

由表 1 可以看出，在日产油量基本保持不变的情况下，措施后 3 口井平均日产液量降低了 74.05%，平均含水率下降了 4.1%，平均水油比降低了 67.8，平均免修期达到 620 天，证明了该技术的可行性及较好的稳油降水效果。3 口试验井年节约地面水处理量可达 10.7×10^4t。

表 1　试验井措施前后生产数据对比表

井号	举升方式	日产液量 (t)	日产油量 (t)	含水率 (%)	水油比	日注入量 (t)	免修期 (d)
A	电　泵	145	2. 76	98. 1	51. 54	108	587
	同井注采技术	37	2. 74	92. 6	12. 50		
B	螺杆泵	121	0. 72	99. 4	167. 06	91	741
	同井注采技术	30	0. 72	97. 6	40. 67		
C	螺杆泵	131	2. 49	98. 1	51. 61	95	531
	同井注采技术	36	2. 48	93. 1	13. 52		

以 C 井为例来评价井下监测装置及远程监测技术的现场应用效果。C 井同井注采施工后，开井投产初期日注入量为 95t、注入压力为 14. 6MPa；通过实时监控发现（图 6），工作 35 天后，在注入压力未变的情况下，日注入量下降到 84t，对其进行调频处理，将注入压力提升至 16. 5MPa，其日注入量恢复至 95t，实现回注参数有效调整，避免长时间注入量下降，导致注入层堵塞的问题。

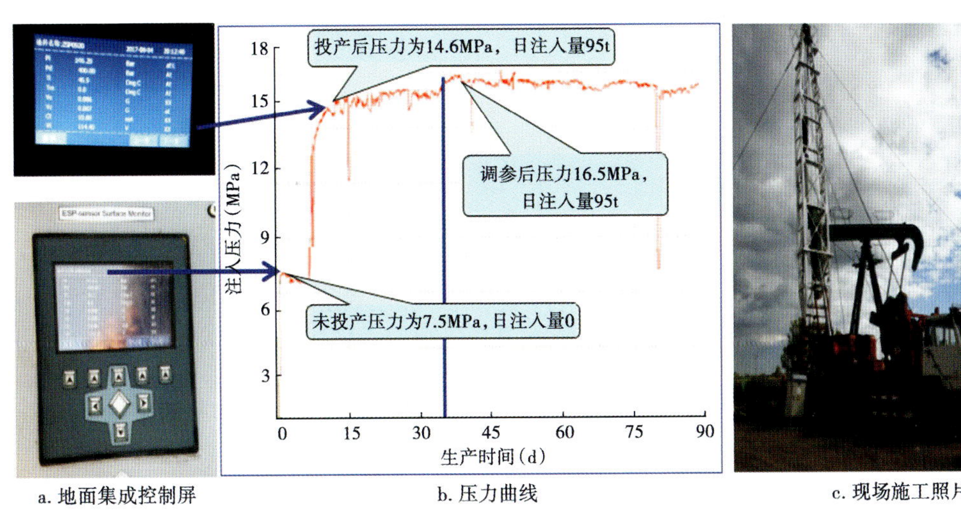

a. 地面集成控制屏　　b. 压力曲线　　c. 现场施工照片

图 6　C 井运行压力曲线及现场照片

4 结　论

（1）井下油水分离同井注采技术可以明显降低高含水高产液采油井的地面含水率及地面水处理量，有效节约了油田生产成本。

（2）井下监测装置和远程监测技术可有效监测技术系统的运行情况，便于及时调整运行参数，提高系统的可靠性，延长运行周期。

（3）下一步计划完善井下监测装置，实现对回注端含水率的监测，以便真实地掌握技术系统的分离效果。

参考文献

[1] 马志权．井下油水分离管柱动力学分析［G］//大庆油田有限责任公司采油工程研究院．采油工程文集 2017 年第 1 辑．北京：石油工业出版社，2017：32-37.

[2] 王思淇．井下油水分离同井注采技术现场试验［J］．油气田地面工程，2014，33（11）：28-29.

[3] 刘合，高扬，裴晓含，等．旋流式井下油水分离同井注采技术发展现状及展望［J］．石油学报，2018，39（4）：463-471.

[4] 周学金．控水增油技术在沈 84-安 12 块的应用［J］．内蒙古石油化工，2015，41（22）：93-94.

[5] 于波．黏度对新型三相分离器工作性能的影响研究［G］//大庆油田有限责任公司采油工程研究院．采油工程文集 2018 年第 2 辑．北京：石油工业出版社，2018：45-49.

[6] 曹喜承，宫家宁，蒋明虎．双螺杆泵同井注采工艺管柱结构的有限元分析［J］．化工机械，2017，44（1）：79-83.

[7] 王美．井下两级串联旋流分离技术研究［D］．大庆：东北石油大学，2014.

高压水射流套管除垢技术在强碱三元复合驱采出井的应用

赵星烁，徐国民，徐广天，任志刚，祝英俊

（大庆油田有限责任公司第四采油厂）

摘　要：为了寻求更为经济、高效的套管除垢方式，研究了高压水射流套管除垢技术。根据强碱三元复合驱采出井套管结垢的状态和作业施工条件，通过水射流室内除垢实验及水力参数计算，设计了专用的喷射工具及水力喷射除垢管柱。现场采用高压水射流套管除垢技术有 25 口井，套管平均内径均恢复到 121mm，平均单井日增液量为 11. 7t，日增油量为 1. 24t，见到了较好的效果。高压水射流套管除垢技术能够满足强碱三元复合驱采出井套管的除垢需要，为结垢严重井实施增产措施以及录取环空资料提供了保障。

关键词：强碱三元复合驱；结垢；高压水射流；喷射工具；套管除垢

强碱三元复合驱可大幅度提高油田采收率，但在见垢阶段，套管内壁、炮眼存在结垢现象，严重影响了采出井产量和增产措施的顺利实施[1-2]。通过对 66 口三元复合驱套管结垢井进行多臂井径测井后发现：套管结垢井段主要从泵上 50m 至射孔井段底界，结垢程度自上向下逐渐加重（严重井结垢厚度可达 38mm 以上）。除垢过程中获得的垢样主要为颗粒状，内部有孔眼，可见明显的分层，垢质成分主要以硅铝酸盐为主，含量在 60%以上，并随着深度的加深而增加[3]。

目前适合小修队伍施工的套管除垢工艺主要有：螺杆钻具+牙轮钻头的机械除垢工艺、机械除垢+注化学剂相结合的套管除垢及近井地带解堵工艺[4-5]，这两种工艺可有效清除套管内壁附着的垢质，但它们均存在施工周期长、费用高及螺杆钻具使用寿命短等问题。为了寻求更为经济、高效的套管除垢技术，开展了高压水射流套管除垢技术研究。

1 技术原理

高压水射流是以水为介质，通过高压泵获得巨大能量，经一定形状的喷嘴喷出的一股速度很高、能量集中的水流，其具有清洗成本低、清洗能力强、不污染环境等特点，在航空、制铝、汽车及化工等多种行业中广泛应用。

高压水射流套管除垢的原理是利用高压水射流的冲击动量，将套管内壁附着的垢质击碎，使之脱离套管表面并随液流返排到地面，达到恢复套管内径的目的[6]。

2 喷射工具设计

由于目前高压水射流技术并未应用于强碱三元复合驱套管除垢领域，没有适用的喷射工具及射流除垢工艺，因此需重新设计喷嘴及喷枪结构，并模拟现场情况进行水力参数计算，为现场施工做准备。

2.1 喷嘴结构确定

喷嘴是水射流发生装置的执行元件，其原理是通过喷嘴内孔横截面的收缩，将高压水的压力能量聚集并转化为动能。目前常见的喷嘴主要有圆锥收敛型、曲线型及圆锥带圆柱出口段型 3 种，各类型喷嘴如表 1 所示[7]。

第一作者简介：赵星烁，1987 年生，男，工程师，现主要从事三元复合驱采出井清防垢技术攻关工作。
邮箱：zhaoxingshuo@ petrochina. com. cn。

表 1　各类型喷嘴优缺点表

类型	圆锥收敛型	曲线型	圆锥带圆柱出口段型
形状图			
优点	容易加工	流量系数较大，能量损失小	较容易加工，能量损失较小
缺点	密集性较差	加工难度大	无明显缺点

对比表 1，最终确定应用圆锥带圆柱出口段型作为设计喷嘴(图1)。根据现有喷嘴规格及喷嘴材料的强度韧性要求，选用的喷嘴规格为外径 15mm、长度 13mm、出口直径 2.5mm，加工材质为 YG6 合金。

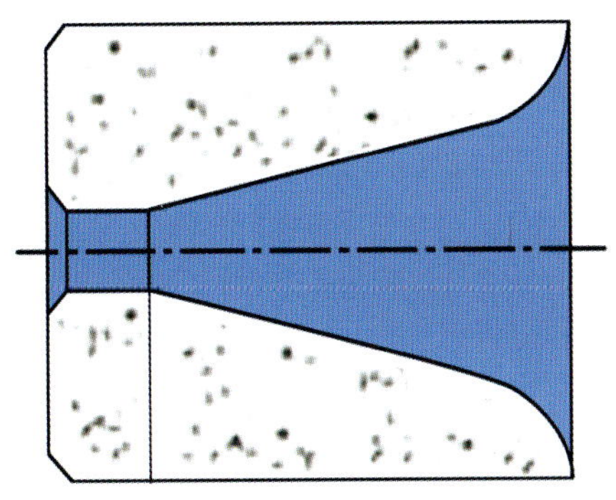

图 1　设计喷嘴结构示意图

2.2 喷嘴射流扩散角测定

喷嘴射流扩散角测定主要是利用高速摄像机、高压柱塞泵等实验设备，测试出不同压降下喷嘴的射流扩散角（图 2）。

从测量数据（表 2）可以看出，直径为 2.5mm 喷嘴在射流压力为 14.0～17.5MPa 时，射流扩散角为 12°～14°，射流压力与射流扩散角基本呈线性关系。

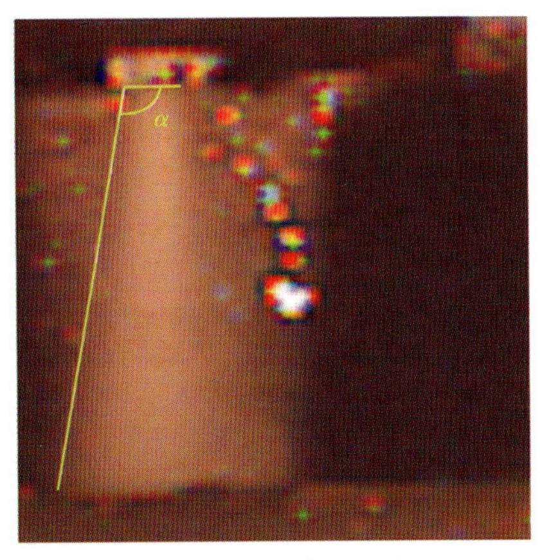

a. 高速摄像机拍摄照片

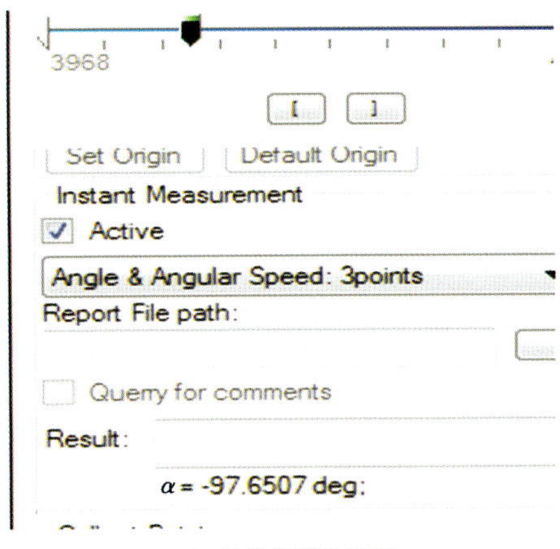

b. 扩散角测量界面

图 2　扩散角测量过程图

表 2　喷嘴直径为 2.5mm 压降下的喷嘴射流扩散角表

射流压力（MPa）	射流扩散角（°）
14.0	12.0
15.0	12.8
16.0	13.3
17.0	13.8
17.5	14.0

2.3 喷枪结构设计

考虑到各井套管内结垢严重程度不同，一些井喷枪无法下入结垢井段，所以设计了轴向喷射水力喷枪和径向喷射水力喷枪，实物如图 3 所示。

由于套管内径为 124.26mm，射流喷距为 24mm，因此径向喷射水力喷枪外径设计成 76mm，并且由上至下有 6 个喷射截面（图 3a），相邻两个喷射截面间距为 100mm，每个喷射截面上各设置有 3 个喷嘴组件，同一喷射截面上 3 个喷嘴组件互成 120°，相邻的两个喷射截面上喷嘴组件的同方向相位角相差 20°，由上向下喷嘴为螺旋式分布，喷射时水流可以完全覆盖套管内壁。同时，主通道底部设有球座，方便洗井及冲砂等工作。

由于现场除垢返出垢粒最大为 10mm，因此轴向喷射水力喷枪外径设计为 100mm，底部环形分布 16 个喷嘴组件（图 3b），为方便洗井，工具底部同样设有球座。

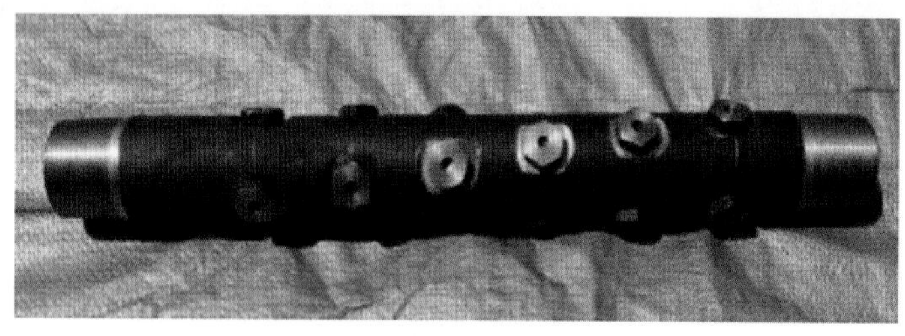

a. 径向喷射水力喷枪

b. 轴向喷射水力喷枪

图 3　水力喷枪实物图

2.4 水力参数计算

水力参数计算包括：（1）清洗流体流经单个喷嘴后的流速与压降（出口流速与喷嘴压降）；（2）清洗流体在油管中流动由于阻力作用产生的压降（油管摩阻）；（3）清洗流体在油管外壁与套管内壁所形成的环形空间中流动由于阻力产生的压降（套管摩阻）；（4）清洗流体在井口油管内的压降（井口油压）。

通过水力参数计算，可以得到井口油压与喷嘴压降关系，从而从井口处的油压就能大致确定井底喷嘴的压降；或是根据实验得出的最低除垢喷嘴压降，大致计算出井口处的油压，再确定现场除垢作业所需的泵车排量及压力，为现场施工提供指导。

根据流量系数检测结果，内径 2.5mm 喷嘴的流量系数为 0.93，以套管内径为 124mm，油管外径为 73mm、内径为 62mm，井深 1200m 计算，得出水力参数计算结果如表 3 所示。

表 3　水力参数计算结果表

喷枪类型	排量（m^3/min）	出口流速（m/s）	喷嘴压降（MPa）	油管摩阻（MPa）	套管摩阻（MPa）	预计井口油压（MPa）
径向喷射水力喷枪	1.00	206.11	24.51	3.75	0.72	28.95
	1.15	218.93	27.65	4.25	0.81	32.71
	1.25	239.22	33.01	5.32	1.02	39.35
轴向喷射水力喷枪	0.70	152.65	13.44	1.77	0.34	15.55
	0.76	162.98	15.32	2.01	0.38	17.71
	0.94	202.81	23.73	3.05	0.58	27.36
	1.00	217.45	27.28	3.67	0.7	31.65

2.5 室内实验

为验证喷射工具除垢效果，开展了水力喷射除垢室内实验。

实验装置有高压泵车、外径为 76mm 径向喷射水力喷枪、连续送进测试装置、高压软管等，实验材料为水泥模拟结垢套管。

实验时先用高压软管将径向喷射水力喷枪与高压泵车连接，再将水泥模拟结垢套管固定在连续送进测试装置上，把外径 76mm 径向喷射水力喷枪送入水泥模拟结垢套管内后，启动高压泵车并逐步提高压力，同时保持喷枪在套管内匀速前进，直到将油管及套管内壁附着垢质破碎。

通过实验可知，除垢压力为 20MPa，排量为 0.8m^3/min，可在不破坏套管的前提下，除垢率达到 100%（图 4）。

a. 除垢前

b. 除垢后

图 4　水泥模拟结垢套管除垢前后对比图

3 现场施工工艺设计

3.1 地面流程及施工管柱设计

由于部分井结垢严重，外径 76mm 喷枪无法进入结垢井段，所以设计下入两趟水力喷射除垢管柱（图 5）：第一趟管柱从下至上为轴向喷射水力喷枪+内径 62mm 油管；第二趟管柱从下至上为径向喷射水力喷枪+外径 118mm 刮削器+内径 62mm 油管，其中刮削器的作用是为检验喷射除垢效果。井口套管接循环池进水口，循环池出水口活动弯头接在油管上。

施工时用油管将喷射工具下至结垢井段上部，用泵车向油管内泵入高压水，高压水通过喷射工具产生射流，将套管内壁附着的垢质击碎，使之脱离套管表面并随液流返排到地面，返排液进循环池沉淀、过滤后循环利用，同时以一定速度下放管柱，直至完成结垢井段的清垢，达到套管除垢的目的。

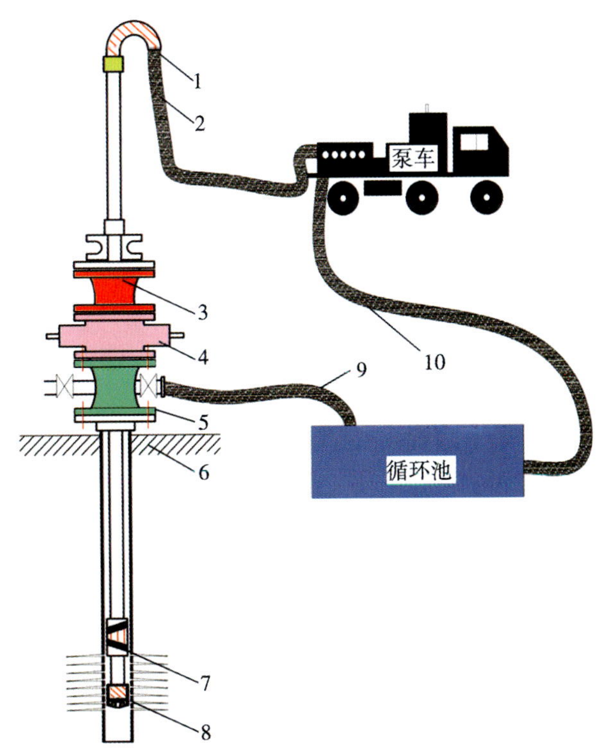

图 5　现场试验井下管柱及现场安装示意图

1—活动弯头；2—高压管线；3—自封；4—封井器；5—井口；6—地面；7—刮削器；8—喷射工具；9—出口管线；10—上水管线

3.2 现场施工设计

（1）起原井。

（2）按设计管柱下入第一趟水力喷射除垢管柱，下至结垢井段上方，正洗井2周，投钢球，封死洗井通道。

（3）开始喷射除垢，并以一定速度下放管柱，泵压保持在20~30MPa之间，下放速度保持在0.5~1.2m/min。除垢至射孔井段底界以下，起出管柱。

（4）按设计管柱下入第二趟水力喷射除垢管柱，下至结垢井段上方，正洗井2周，投钢球，封死洗井通道。

（5）再开始喷射除垢，并以一定速度下放管柱，泵压保持在20~30MPa之间，下放速度保持在0.5~1.2m/min之间。到达射孔井段后单根油管上下提放两次（单根提放时间为4min）。

（6）重新连接地面管线，反洗井，排出喷枪内钢球，打开洗井通道。

（7）冲砂至人工井底。

（8）起出除垢管柱，多臂井径测井。

（9）下完井管柱，交井生产。

4 现场应用

截至2018年12月，高压水射流套管除垢工艺在杏北油田2个强碱三元复合驱区块现场应用25口井，实施后，套管内径均恢复至121mm，达到套管原内径的97.6%以上，平均单井日产液量由21.23t恢复到32.93t，平均单井日产油量由0.8t恢复到2.03t。

以结垢严重的X1井为例，该井射孔井段为1095.1~1119.6m，截至试验前垢卡检泵1次，解卡4次。起原井后对该井进行多臂井径测井，结果显示套管由990m开始出现结垢样，垢样如图6所示；自结垢处向下套管内径逐渐变小，至1064m处测试仪器遇阻，所以需要采用下入两趟喷射管柱的除垢方式进行施工。第一趟轴向除垢管柱从1030.86m开始喷射，平均除垢泵压为25MPa，平均排量为1010L/min，除垢至1126.67m完成除垢，总用时5h；第二趟径向除垢管柱从1030.86m开始喷射，平均除垢泵压为27MPa，平均排量为1250L/min，除垢至1126.67m完成除垢，总用时3h。

a. 垢样一

b. 垢样二

图6　高压水射流套管除垢返出垢样照片

除垢后，经多臂井径测试结果可知：套管内径恢复至120mm以上，除垢前后的成像测井解释对比图如图7所示；炮眼处外径明显大于套管内径，炮眼处垢质被清除效果成像测井图如图8；同时，X1井日产液量由除垢前的20.3t恢复至33.5t，日产油量由除垢前的1.56t恢复至2.41t。

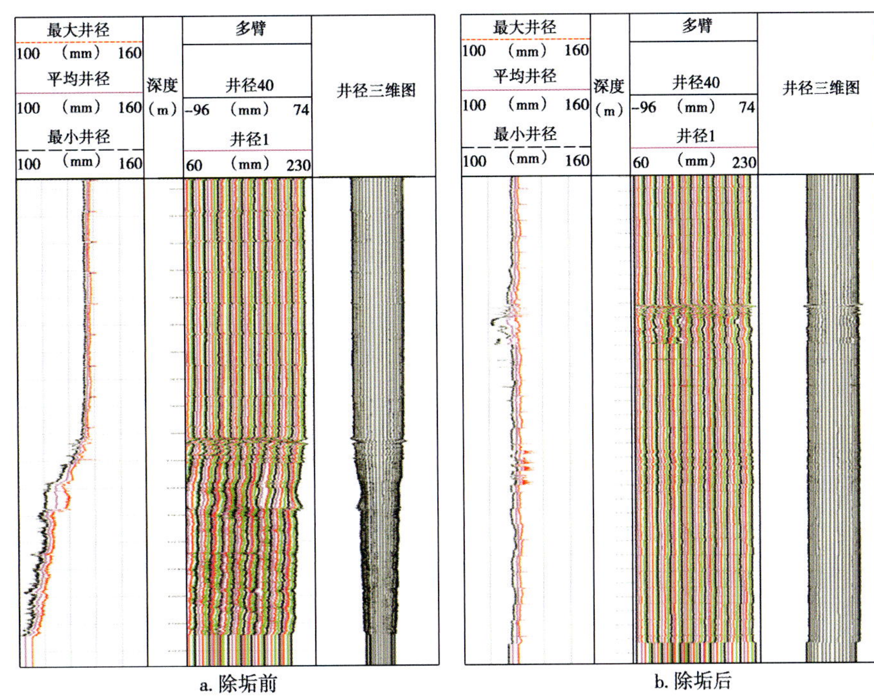

图 7　除垢前后多臂井径成像测井解释成果图

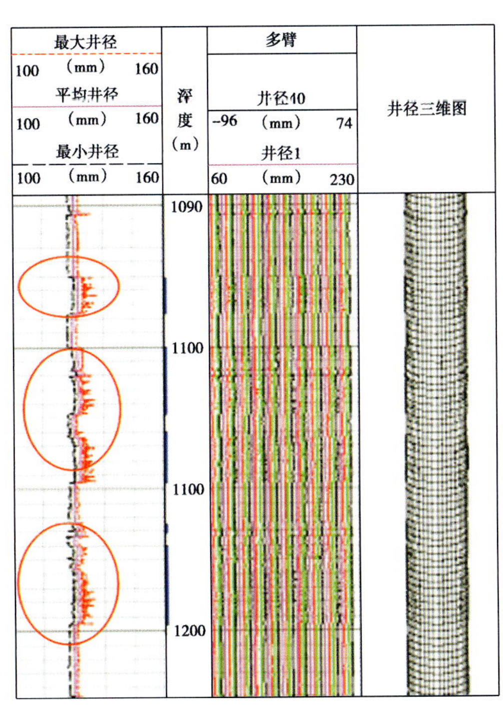

图 8　射孔井段内炮眼清洗效果图

5 结　论

（1）在强碱三元复合驱采出井现场应用高压水射流套管除垢技术效果较好。

（2）目前，对于套管内径小于 76mm 的结垢严重井，需要下入两趟除垢喷射管柱，研制轴向、径向可切换的射流喷射工具可提高施工效率，是下步攻关的主要方向。

参考文献

［1］ 王玉普，程杰成．三元复合驱过程中的结垢特点和机采方式适应性［J］. 大庆石油学院学报，2003，27（2）：20-22.

［2］ 程杰成，吴军政，吴迪．三元复合驱油技术［M］. 北京：石油工业出版社，2013：198.

［3］ 高浩，任志刚，赵星烁，等．强碱三元复合驱套管除垢工艺［G］//大庆油田有限责任公司采油工程研究院．采油工程文集 2016 年第 2 辑．北京：石油工业出版社，2016：64-67.

［4］ 李金良. 套管除垢技术的探讨［J］. 现代企业教育，2012（S1）：230.

［5］ 朱宏伟. 喇嘛甸油田北东块三元复合驱油井套管除垢技术研究与应用［J］. 化学工程与装备，2018（4）：41-43.

［6］ 曹国强，张睿. 高压水射流研究现状及应用［J］. 沈阳航空航天大学学报，2017（3）：1-16.

［7］ 陈玉凡．高压水射流喷嘴效率解析［J］. 清洗世界，2011（4）：30-32.

内涂层耐磨油管在螺杆泵井的应用

李骥楠

(大庆油田有限责任公司采油工程研究院)

摘　要：针对螺杆泵井抽油杆、油管偏磨严重的问题，开展了内涂层耐磨油管在螺杆泵井的研究与应用。研制了由人造金刚砂、环氧树脂、石墨复合材料合理配比的内涂层材料，并通过内涂层处理技术形成了适用于螺杆泵井的高性能、低成本耐磨油管。应用结果表明：内涂层耐磨油管的耐磨损性能为N80管材的14. 6倍，内涂层材料通过喷涂的方法在油管内表面所形成的固体润滑膜，在摩擦过程中，能够更好地起到减小摩擦系数和磨损的作用。螺杆泵井应用内涂层耐磨油管后，可有效地减小油管与抽油杆磨损量，延长抽油杆、油管的综合使用寿命及检泵周期，因抽油杆、油管偏磨严重导致的检泵周期至少可提高一倍以上，经济效益显著，应用前景广阔。

关键词：螺杆泵；抽油杆；油管偏磨；内涂层材料；耐磨油管；检泵周期

当前油田进入开发中后期，螺杆泵井产出液的含水量大幅提高，导致抽油杆、油管（简称杆管）之间的润滑油膜减少或消失，再加上聚合物溶液的黏弹性，造成杆管偏磨问题严重、抽油井检泵周期缩短，以及投入成本高、井筒液流阻力大、管理难度增加等[1-8]。且抽油杆在油管内偏心旋转的陀螺效应使其在油管内呈空间陀螺旋转，使抽油杆与油管之间存在压力，导致底部一段抽油杆柱与油管壁接触而产生偏磨[9-10]。

目前，大庆油田螺杆泵井杆管防磨措施普遍采用抽油杆扶正器、旋转均磨杆管及无杆举升技术，但均具有一定的不适应性[11-13]。截至2017年年底，杆管偏磨问题依然严重，检泵比例高达37. 9%。为此，开展内涂层耐磨油管在螺杆泵井的应用研究，通过使用内涂层耐磨油管并减少扶正器的使用来减少杆管的偏磨程度，通过内涂层材料的减磨性与润滑性来延长检泵周期；并经过大量室内实验和现场试验评价，筛选出最佳方案，实现降本增效。

1 室内实验研究

通过模拟杆管偏磨情况，增加杆管磨损强度，根据杆管磨损量快速评价措施前后杆管偏磨情况，以上措施对预测杆管的使用寿命、杆管的损伤程度及确保螺杆泵井安全生产具有重要意义。从摩擦磨损角度看，磨损摩擦副之间的磨损机制主要取决于二者的硬度比值和润滑特性，即磨损状态[14]。在同等实验条件下，当二者的硬度比值$H_1/H_2 \leqslant 1.3$时，二者的磨损量较小；当硬度比值大于1.5以后，硬度低的一方磨损量会大幅度增加。除了硬度比值之外，硬度绝对值和表面特性（强度、韧性、摩擦因数等）也是影响抗磨损性能的重要因素。对于接箍与油管而言，该规律仍然有效。因而，在设计油管涂层成分与性能时，应充分考虑接箍的硬度和表面特性，以及涂层与接箍表面的摩擦与润滑特性[15]。为验证油管内涂层耐磨材料的性能，开展了室内实验。

作者简介：李骥楠，1989年生，男，助理工程师，现主要从事人工举升方面的研究工作。

邮箱：lijinan01@ petrochina. com. cn。

1.1 内涂层材料

实验所应用的内涂层材料由人造金刚砂、环氧树脂、石墨复合材料构成。内涂层材料制作工艺如图 1 所示，首先按照比例将原材料混合搅拌均匀，将粉末挤压成固体，再经过粉碎研磨得到精细均匀的粉末涂料，最后将内涂层材料通过静电喷涂的方法喷涂于油管内壁并高温固化成膜，如图 2 所示。

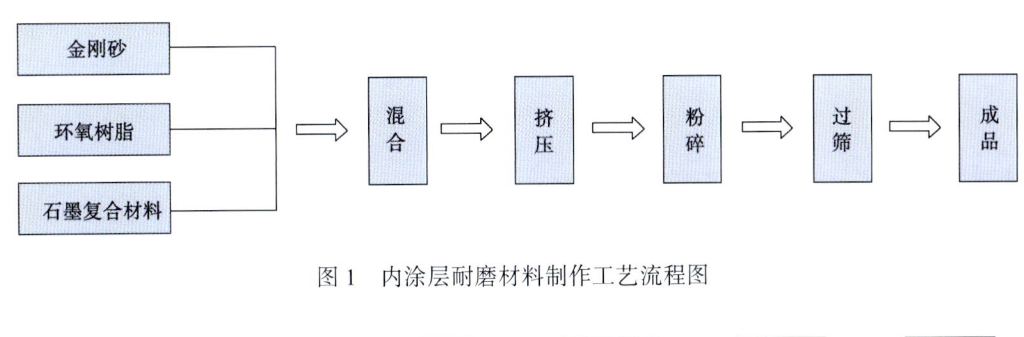

图 1　内涂层耐磨材料制作工艺流程图

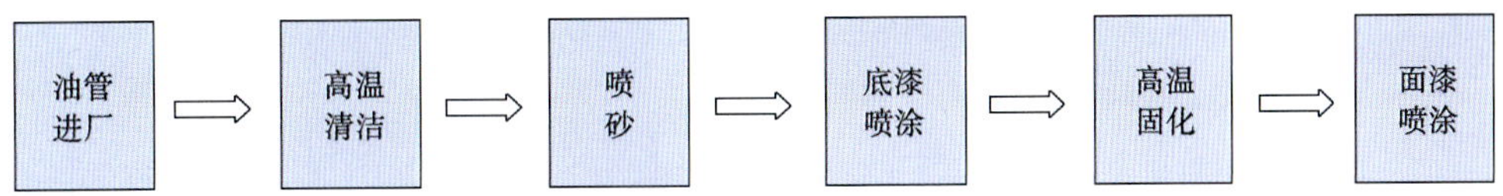

图 2　内涂层粉末喷涂工艺流程图

人造金刚砂和环氧树脂可以实现材料机体较强的耐磨度，石墨可起到较好的润滑作用。油管内表面通过喷涂处理后，由于物化反应使得油管表面形成化学性质稳定的固体润滑膜。通过摩擦作用，固体润滑膜会附着在接箍表面，使摩擦发生在固体润滑膜之间，由于固体润滑膜良好的自润滑性能，减小了油管与接箍间的摩擦因数，从而降低磨损。

1.2 实验装置

实验所用 MC-2000 摩擦实验机（图 3），其可带动接箍在油管上进行往复摩擦运动。摩擦副正压力可调，并带有计数器，能对磨损次数进行记录。

图 3　MC-2000 摩擦实验机实物图

1.3 实验条件

（1）正压力：700N。

（2）摩擦频率：25 次/min。

（3）摩擦副：普通 N80 油管、内涂层耐磨油管与普通抽油杆接箍组成。

（4）润滑介质：水。

（5）实验终止条件：当油管内涂层消失，油管内壁清晰可见，普通 N80 油管运行 1000 次空白实验后进行对照。

1.4 实验结果分析

选取编号为 1 号和 2 号的两组由普通 N80 油管经喷涂后得到的内涂层耐磨油管，与普通抽油杆接箍（图 4）组成的摩擦副进行实验，磨损实验数据如表 1 所示，磨损情况如图 5 所示。

图 4　磨损实验前抽油杆接箍实物图

表 1 内涂层耐磨油管与普通抽油杆接箍的磨损实验数据对比表

编号	摩擦次数（次）	体积磨损度（%）	
		内涂层耐磨油管	接箍
1	9668	12.2	1.4
2	9668	12.5	1.1
平均	9668	12.35	1.25

a. 磨损前

b. 磨损后

图 5 内涂层耐磨油管与普通抽油杆接箍磨损情况对比图

选取编号为 3 号、4 号的两组普通 N80 油管，与普通抽油杆接箍组成的摩擦副进行实验，磨损实验数据如表 2 所示，磨损情况如图 6 所示。

a. 磨损前

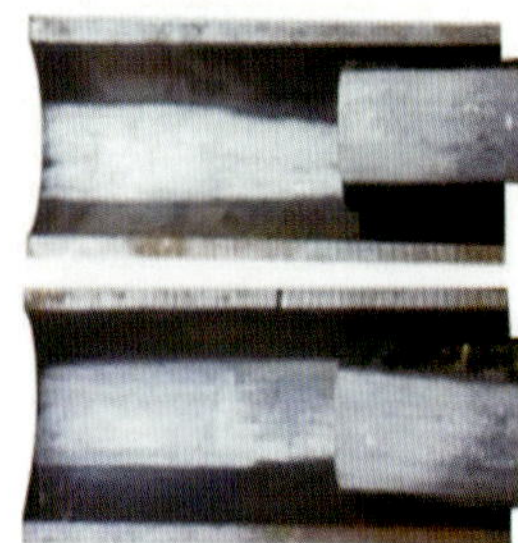

b. 磨损后

图 6 普通 N80 油管与普通抽油杆接箍磨损情况对比图

表 2 普通 N80 油管与普通抽油杆接箍的磨损实验数据对比表

编号	摩擦次数（次）	体积磨损度（%）	
		油管	接箍
3	1000	18.0	4.4
4	1000	19.2	6.0
平均	1000	18.6	5.2

通过以上实验证明，内涂层耐磨材料具有良好的耐磨性能，为普通 N80 油管的 14.6 倍。分析原因认为，内涂层耐磨油管内含有金刚砂等具有耐磨、减磨的成分，摩擦时油管内壁涂层材料会转移到抽油杆接箍表面形成保护膜，且涂层具有的润滑性能使抽油杆接箍磨损量减小。

对比现阶段采取的多种防偏磨工艺，内涂层耐磨材料具有更好的适应性（表 3）。

表 3 防偏磨措施对比表

类型	优点	缺点
加装扶正器	制作简单，成本低	井筒液流阻力增加，效果有限
旋转均磨杆管	杆管可均匀磨损	负荷差小的采油井不适用
无杆举升技术	可彻底解决杆管偏磨问题	目前还未规模化应用
内涂层材料	成本适中，可适应较恶劣偏磨条件	

2 现场试验

2.1 试验区概况

为进一步验证评价技术方案，以适应实际生产中螺杆泵井下复杂井况环境，选取 A 区块螺杆泵井开展内涂层耐磨油管现场试验。该区块螺杆泵共计 1220 口；年度螺杆泵井检泵维护性作业 450 井次，其中因杆管偏磨导致的检泵作业有 182 井次，占检泵井次的 40.4%；平均检泵周期为 500 天；截至 2018 年年底，杆管偏磨是该区块螺杆泵井检泵的主要原因（表 4）。

表 4　A 区块螺杆泵井生产情况统计表

总井数（口）	检泵井次	偏磨检泵井次	偏磨检泵井比例（%）	检泵周期（d）	日产液量（t）	沉没度（m）
1220	450	182	40.4	500	33.1	389.9

选取该区块近期因杆管严重偏磨导致检泵作业的 26 口井，对其杆管断脱情况进行统计（表 5），结果表明，杆管偏磨严重的井段主要是采油井下部 300m 井段。

表 5　26 口井杆管问题作业井统计表

杆管严重磨损或断脱位置	作业（井次）	比例（%）
第 1~30 根	1	3.8
第 30~70 根	6	23.1
第 70~100 根	19	73.1

2.2 试验方案

针对该区块螺杆泵井偏磨现状，开展杆管偏磨治理工作。由于内涂层耐磨油管具有良好的抗磨、减磨性能，不仅使油管内壁抗磨，对抽油杆的磨损也很小，因此在内涂层耐磨油管的抽油杆上不安装扶正器。选取连续两次以上因杆管偏磨检泵且检泵作业为偏磨导致的螺杆泵井，其杆管匹配方案为：

方案一，采油井上部 700m 采用普通油管，采油井下部 300m 采用内涂层而耐磨油管；采油井下部 300m 采用无扶正器油杆。

方案二，全井采用内涂层耐磨油管；全井采用无扶正器抽油杆。

注：内涂层耐磨油管用量可根据试验井杆管偏磨实际情况进行调整。

2.3 试验效果

为检验内涂层耐磨油管现场应用效果，共选取 7 口井开展现场试验。措施前后试验井运行情况如表 6 所示。7 口井措施前因杆管偏磨平均检泵周期为 365 天，使用内涂层耐磨油管后，截至 2019 年 3 月，措施井平均免修期为 557 天，最长免修期为 666 天。措施后试验井免修期均已超过原检泵周期。

表 6　现场试验井措施前后对比表

井号	措施前		措施后	
	检泵周期（d）	检泵原因	免修期（d）	措施方案
X1	439	第 49 根抽油杆体磨断	666	偏磨井段为泵上 600m 处安装内涂层耐磨油管
X2	110	第 83 根油管磨漏，第 47~98 根抽油杆偏磨	461	偏磨井段为泵上 500m 处安装内涂层耐磨油管
X3	440	第 74~90 根抽油杆偏磨	492	偏磨井段为泵上 300m 处安装内涂层耐磨油管

续表

井号	措施前		措施后	
	检泵周期（d）	检泵原因	免修期（d）	措施方案
X4	579	第 94 根抽油杆连接处磨断	634	偏磨井段为泵上 300m 处安装内涂层耐磨油管
X5	507	第 80 根油管磨漏	644	偏磨井段为泵上 300m 处安装内涂层耐磨油管
X6	252	全井杆管偏磨严重，第 78 根抽油杆扶正器处磨断	504	全井安装内涂层耐磨油管
X7	226	全井杆管偏磨严重，第 84 根抽油杆体偏磨断	495	全井安装内涂层耐磨油管

3 结　论

（1）室内实验研究表明，普通 N80 油管内壁在没有保护的情况下，耐磨性能很差。而在内涂层材料的保护下，其与抽油杆接箍组成的摩擦副有较好的耐磨性能，油管与接箍的磨损均不严重。

（2）现场应用中可以把内涂层耐磨油管与普通油管混合使用，将内涂层耐磨油管应用于偏磨严重的井段可大幅降低成本，实现降本增效。

（3）下一步将继续开展内涂层耐磨材料的优化工作，通过现场的试验数据在现有基础上对内涂层耐磨材料涂层厚度进行优化，在确保延长检泵周期的前提下进一步降低成本。

参考文献

[1] 魏继德，何艳，雷宇，等．油管内涂层材料耐磨性能的实验研究［G］//大庆油田有限责任公司采油工程研究院．采油工程文集 2018 年第 3 辑．北京：石油工业出版社，2018：17-21.

[2] 王早祥，隋允康，张金中．抽油杆和油管材料在油田污水介质中的摩擦磨损性能研究［J］. 摩擦学学报，2004，24（5）：467-470.

[3] 陈兴，仝卫东，裴志勇，等．抽油井腐蚀偏磨机理研究及防治［J］. 内蒙古石油化工，2005，31（1）：66-69.

[4] 刘威，李景波．抽油井管杆磨损与预防［J］. 内蒙古石油化工，2006，32（10）：128-129.

[5] 肖世宏，张始伟，刘发涛．抽油井管杆磨损原因分析及改进方法［J］. 石油矿场机械，2004，33（4）：92-93.

[6] 肖宇，刘春花，綦耀光，等．抽油井偏磨机理及防偏磨技术分析［J］. 内蒙古石油化工，2009，35（18）：81-83.

[7] 杨正友，郑登才，杨传让．抽油机井井下管杆偏磨问题分析［J］. 断块油气田，1996，3（5）：58-62.

[8] 王优强，李忠晓，刘立涛．油管涂层的摩擦学性能实验研究［J］. 润滑与密封，2007，32（1）：76-78.

[9] 董世民．水驱抽油机井杆管偏磨原因的力学分析［J］. 石油学报，2003，24（4）：108-112.

[10] 董世民，张万胜，王强，等．直井地面驱动螺杆本采油杆管偏磨机理［J］. 石油学报，2012，33（2）：304-309.

[11] 奚云涛，李曼平，侯正孝，等．长庆油田斜井防偏磨技术研究［J］. 腐蚀与防护，2012，30（6）：55-57.

[12] 潘智勇．超高分子内衬油管技术研究与应用［J］. 承德石油高等专科学校学报，2012，14（4）：40-48.

[13] 杜焱．新型防偏磨技术在聚合物驱抽油机井的应用［G］//大庆油田有限责任公司采油工程研究院．采油工程文集 2014 年第 2 辑．北京：石油工业出版社，2014：49-51.

[14] 李颖芝．应用摩擦学原理合理选择金属材料硬度［J］. 硅谷，2008（17）：5.

[15] 张志华，陈景世，张韬，等．复合自润滑涂层接箍防偏磨试验研究［J］. 石油机械，2009，37（8）：8-10.

液力反馈抽油泵的实践与应用

张力晨

（大庆油田有限责任公司测试技术服务分公司）

摘　要：为了使抽油机井杆柱下部受压段与上部受拉段的交接点，即杆柱的中和点下移至泵位置，从而降低杆管接触几率，达到抽油机井偏磨断脱检泵率的目的，研究并应用了液力反馈抽油泵。液力反馈抽油泵将固定阀设计成环形，并在柱塞下设计加装一根直径大于杆径的液力杆，使下冲程时液柱压力作用在液力杆上，形成向下拉力，从而使中和点下移，将杆柱拉长，与管柱少接触或零接触，从而延长杆管使用寿命。现场应用4口井，在同等工况条件下，平均单井日产液量增加8t、沉没度下降75m、交变载荷下降15.27kN。试验表明，该泵有效缓解了杆管偏磨断脱问题，有力推动了抽油机井举升工艺，使其得以更好、更快地发展。

关键词：抽油机井；偏磨；液力；反馈；抽油泵

统计近年来抽油机井检泵情况发现，虽然偏磨断脱问题检泵率比2013年下降6.8个百分点，但因偏磨断脱检泵的比例却由59.6%上升到75.7%，上升了16.1个百分点，成为抽油机井检泵的最主要原因。

分析原因认为，当抽油机井采出液含聚合物质量浓度越高（采出液黏度越大）、冲次越快时，杆柱下端面受向上推力越大，杆柱中和点位置上移，与泵的距离越远，即受压段长度越长[1-2]。由于中和点以下杆柱受压会产生弯曲，杆管接触频繁，致使偏磨断脱加剧。为了使中和点下移至泵位置，泵上杆柱不存在受压段，从而降低或削除杆管接触，达到降低偏磨断脱检泵率和控本增效的目的，开展了液力反馈抽油泵的实践与应用。

1 抽油杆柱力学分析

抽油机井杆柱下行时，其下端面受到油管内高压液体形成的上顶力（井液静压力）、柱塞与泵筒间的摩擦力、液体流经游动阀的局部阻力（杆柱惯性力），同时，由杆柱运动产生的液体动态阻力在杆柱上自上到下均匀分布。该力又可分为两部分[3]：一是在杆柱等直径处产生的摩擦力，即沿程阻力，分布在整个杆柱上，该沿程阻力的大小取决于井液的黏度和与杆柱接触的表面积；二是由于杆柱截面突然变大形成的局部阻力，该局部阻力主要取决于流体的性质、形状变化的幅度及冲击的速度，对于高分子聚合物来说，尽管表面摩擦力即沿程阻力并不大，但要改变其形状需克服的阻力却很大。此外，当杆柱下行初期做加速运动时，还受到向上的杆柱惯性力，该力也是均匀分布在杆柱上。综合上述，杆柱下行时受到向上推力，即为这5种力的总和。

抽油杆柱要克服5种力向下运动，靠的是杆柱自身的质量，当某一深度以下杆柱的质量和5种力总和相平衡，该深度便定义为杆柱的中和点[4]。中和点以上杆柱受拉力作用，处于伸长状态；而中和点以下杆柱下行时受压力作用，处于收缩状态。若杆柱的质量不能平衡5种力之和，则意味着中和点超出井口，下行时全井杆柱都受压力作用，杆柱不能随驴头同步下行，便出现抽油杆柱下行滞后问题。

作者简介：张力晨，1971年生，男，工程师，现主要从事油田测井资料解释工作。

邮箱：dlts_zhanglc@petrochina.com.cn。

中和点以下的杆柱下行时受压力作用，就会产生弯曲，而受油管尺寸限制，不可能产生大弯曲，只能产生多个小弯曲，弯曲的波峰压在油管壁上运行，就造成了杆管偏磨，增加杆柱载荷，久而久之，偏磨断脱问题则会不断加剧。

以 X 井的生产条件为例，计算杆柱下行时受力状态。该井条件为：下泵深度为 1000m、泵径为 70mm、间隙取 Ⅱ 级泵中值为 0.1mm、杆径为 25mm、冲程为 3m、冲次为 $9\mathrm{min}^{-1}$、井液密度为 $0.9\mathrm{kg/m}^3$。

杆柱下行时，受到向上的力有井液静压力、杆柱惯性力、柱塞与泵筒间的摩擦力 3 种。

（1）井液静压力对杆柱向上推力的关系式为：

$$P_1 = 0.785 d^2 H \lambda \tag{1}$$

式中　P_1——井液静压力，N；

d——杆径，m；

H——井液高度，m；

λ——井液密度，$\mathrm{kg/m}^3$。

经计算，X 井 $P_1 = 4416\mathrm{N}$。

（2）杆柱惯性力，在下冲程的前半程，杆柱向下做加速运动，产生的惯性力方向向上，其值按杆柱质量全程均匀分布，关系式为：

$$P_2 = WSn^2/1790 \tag{2}$$

式中　P_2——杆柱惯性力，N；

W——截面以下杆柱重力，N；

S——冲程，m；

n——冲次，min^{-1}。

经计算，X 井 $P_2 = 599.5\mathrm{N}$。

（3）柱塞与泵筒间摩擦力（柱塞为 1.2m）关系式为：

$$P_3 = 0.94 D/e - 130 \tag{3}$$

式中　P_3——柱塞与泵筒间的摩擦力，N；

D——泵径，m；

e——泵间隙，m。

经计算，X 井 $P_3 = 528\mathrm{N}$。

综上所述，杆柱下行时受到的力为 5543.5N，而直径 25mm 的抽油杆每米重 40N，因此，X 井受压段长度 L 达到 138.6m。

上面的计算没有包括杆柱运动产生的液体动态阻力，但从现场杆管偏磨的实际情况来看，一些井的偏磨段长达数百米，结合上述分析可以看出，井液阻力是造成杆柱受压的重要影响因素。

2 原理设计

液力反馈抽油泵上、下冲程工作状态如图 1 所示[5]。

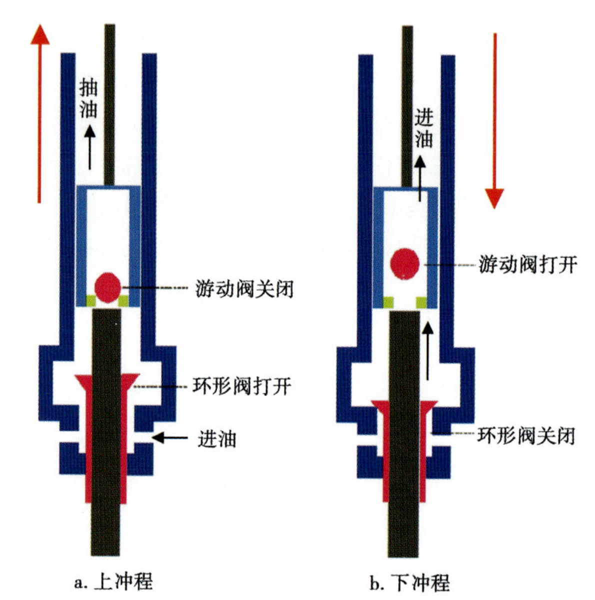

图 1　液力反馈抽油泵上下冲程工作状态图

在上冲程时，当泵外压力大于泵内压力，且超过所给予的设定值时，则井液经过外筒上的孔道进入固定阀，推动环形阀上行，进液口开启，使井液经环形空间进入泵内。

下冲程时，液力杆随泵柱塞下行，环形阀下落在阀座上，使流道关闭，液力杆与抽油杆柱因直径不同所形成的环形面积上作用着液柱压力，该压力帮助拉伸杆柱，从而使泵上杆柱不受轴向压力，避免弯曲偏磨。

泵的固定阀设计成环形[6]，液力杆就可以穿过泵体，使其下端处在泵下的低压区内，可以将杆柱下端面所受油管内液柱静压改变为承受井筒内沉没压力，受压值大幅度减小。穿过泵体的液力杆直径大于泵上杆柱直径，作用在直径截面积差上的反馈力方向向下，起平衡杆柱受压的作用。

3 结构设计

液力反馈抽油泵分为动体和静体两部分，其结构如图 2 所示。静体即为泵筒系统，连接在管柱下端，主要包括泵筒、环形阀、液力杆等。动体即为柱塞系统，连接在杆柱下端，主要包括连接套、活塞及液力杆等[7]。

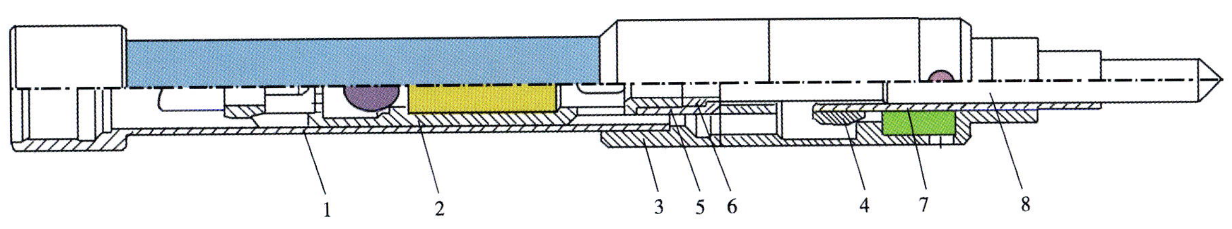

图 2　液力反馈抽油泵结构示意图

1—泵筒；2—活塞；3—阀体；4—连接套；5—活接；6—液力杆；7—液力杆筒；8—环形阀

其中阀体通过上接头与泵筒固定连接，形成上下连通的泵壳体；液力杆与泵柱塞相连接随杆柱运动，完成抽提动作；环形阀安装在液力杆套上端，配合泵柱塞及泵阀产生开关动作，同时根据实际需要在液力杆下端还可以安装加重杆。

4 室内实验

对液力反馈抽油泵密封性能进行室内实验，设计的环形阀密封承压性能在 30MPa 以上，实际实验时密封承压性能可达 40MPa，满足设计要求；同时，对其使用次数进行了测试，通过打压，液力反馈抽油泵环形阀连续开关动作 50 次以上，未出现漏失情况。液力反馈抽油泵特点如下：

（1）与早些年研究设计的几种反馈泵相比，没有大泵套小泵的加工难度和尺寸限制，结构相对简单，故障率必然会低。

（2）该泵的起下作业施工操作与普通泵相同，不增加施工工序和作业成本。

（3）为获得拉伸杆柱的液体反馈力，结构上需要将杆柱下端伸入泵下，需固定阀让出中心通道，而采用环形阀设计。该设计既解决了中心通道让出的问题，又能满足大流量需要，其环形流道截面积已超过 $24cm^2$，是泵径为 70mm 的抽油泵游动阀流道截面积的两倍以上。

5 现场试验

截至目前，随检泵下入液力反馈抽油泵的有 4 口井，在同等工况条件下，平均单井日产液量增加 8t、沉没度下降 75m、交变载荷下降 15.27kN，具体试验效果如表 1 所示。

表 1　液力反馈抽油泵试验前后效果对比表

井号	试验	日产液量（t）	日产油量（t）	含水率（%）	沉没度（m）	交变载荷（kN）
Y-1	试验前	75	3.0	96.0	467	28.41
	试验后	90	3.4	96.2	380	15.78
	差值	15	0.4	0.2	-87	-12.63
Y-2	试验前	31	1.1	96.5	511	39.29
	试验后	38	1.5	96.1	409	12.56
	差值	7	0.4	-0.4	-102	-26.73
Y-3	试验前	56	1.7	97.0	198	31.36
	试验后	60	1.1	98.2	204	22.53
	差值	4	-0.6	1.2	6	-8.83

续表

井号	试验	日产液量（t）	日产油量（t）	含水率（%）	沉没度（m）	交变载荷（kN）
Y-4	试验前	28	0.6	97.9	481	29.8
	试验后	34	0.7	97.9	362	16.94
	差值	6	0.1	0	-119	-12.86
平均值		8	*	*	-75	-15.27

*表示该平均值对统计分析效果无指导意义。

以Y-1井为例，该井历史偏磨检泵次数较多，平均检泵周期为520天，杆偏磨段为86~120根，计算中和点在600m附近。2015年9月随检泵试验下入液力反馈抽油泵，在抽汲参数不变的情况下，日产液量增加15t、日产油量增加0.4t、沉没度下降87m。根据试验前后实际测试示功图（图3、图4）可知，交变载荷下降12.63kN（下降44.5%）。该井投产至今，平稳运行1456天，较之前的检泵周期延长了936天，延长了1.8倍。日产油量增加0.4t，累计增油量为582t，增油创经济效益141万元。

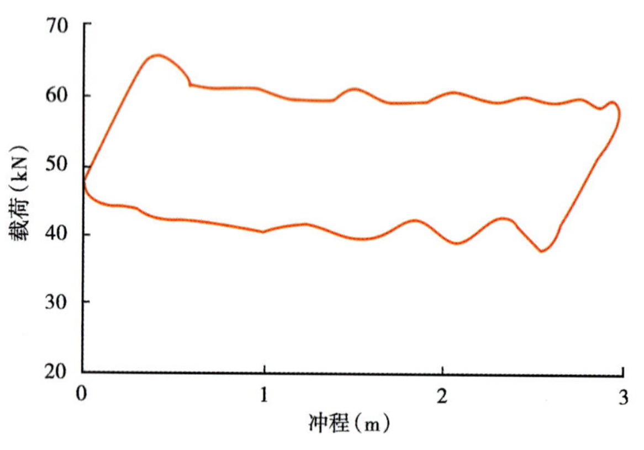

图3 液力反馈抽油泵试验前示功图

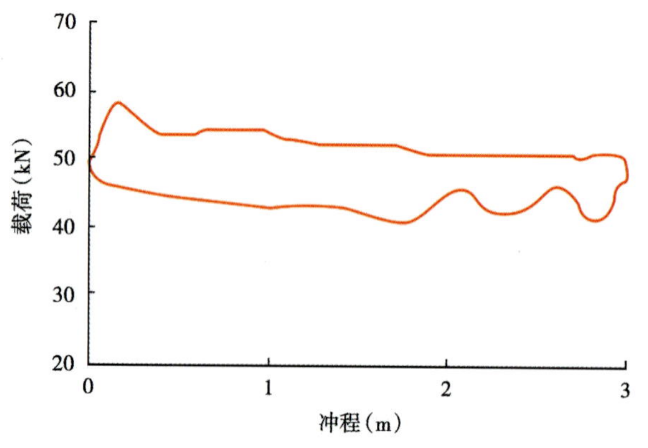

图4 液力反馈抽油泵试验后示功图

6 结 论

（1）液力反馈抽油泵的成功研制，实现了中和点下移，达到杆管少接触或零接触，以及降低交变载荷的目的，从而减缓杆管偏磨断脱问题。

（2）由室内实验和现场试验表明，液力反馈抽油泵能够满足实际生产要求，适用于抽油机井举升工艺。

（3）液力反馈抽油泵是一项新的工艺技术，可有效地缓解杆管偏磨断脱问题，并有力地推动了抽油机井举升工艺快速发展。

（4）下一步将针对液力反馈抽油泵的适应性开展配套研究，可以使其有利于高效、长时间地安全运行。

参考文献

[1] 万仁溥．采油工程手册［M］．北京：石油工业出版社，2006：405-408.

[2] 杨海滨，李汉周，刘松林，等．抽油机井杆管防偏磨理论研究与技术实践［M］．北京：中国石化出版社，2012：32-40.

[3] 袁谋，姜东，罗文莉，等．液力反馈型空心杆采油工艺抽油机悬点载荷分析［J］．石油大学学报：自然科学版，2001，25（4）：49-53.

[4] 陈涛平，胡靖邦．石油工程［M］．北京：石油工业出版社，2000：264-275.

[5] 姜凤玖，杨峰，田荣恩，等．液力反馈式抽稠防砂泵的研制与应用［J］．石油机械，2003，31（6）：49-50.

[6] 贾俊敏．旁通阀液力反馈抽油泵研究及应用［J］．石油矿场机械，2008，47（5）：74-77.

[7] 赵天录．气液置换型防气锁反馈泵的研制与应用［J］．石油钻采工艺，2014，36（5）：128-130.

徐深 7-平 1 井钻井设计优化与施工

张 凯，李继丰，潘荣山，白秋月，陶丽杰

（大庆油田有限责任公司采油工程研究院）

摘 要：针对大庆深层气藏埋藏深、岩性复杂、可钻性差的地质特点，结合水平井的施工难点，开展了徐深 7-平 1 井的钻井技术研究。通过对油藏开发方案的分析，在目的层部署了 3 个目标靶点，水平段长度在 1200m 以上，并综合考虑剖面类型、井眼曲率、靶前距及钻柱受力等因素，优化了井眼轨道模型、钻头型号、井身结构和钻具组合。现场应用表明，徐深 7-平 1 井与邻井对比，机械钻速提高 112%，单尺钻头进尺提高 61%，施工效果明显提高。该井的顺利施工是大庆深层气藏钻井施工又一里程碑工程，同时也为类同井的施工提供了借鉴。

关键词：徐深 7-平 1 井；靶窗范围；井眼轨道；机械钻速；井身结构；大庆；深层气藏

大庆深层气藏目的层埋深一般在 3000m 以上，岩性多为砂岩、泥岩、火山岩、变质岩及砂砾岩等致密性岩石，地层研磨性强，可钻性差。可钻性极值为 8~10 级，机械钻速低，在已完钻井施工中，水平段最高机械钻速只有 1.16 m/h；钻井周期长，常规深层水平井钻井周期一般在 240 天左右。

影响深层气藏水平井钻井成本最关键的因素是钻速和钻井周期，对大庆深层气藏进行钻井提速、增效是目前最为关注的问题。而钻速的快慢和周期的长短除了受地层因素影响外，还与井眼轨道、井身结构、钻具组合，以及所采取的工艺措施有关。针对深层气藏地质特点和钻井施工存在的问题，选取徐深 7-平 1 井开展了钻井设计优化研究，以实现天然气快速上产的目的，为以后在大庆深层气领域的大规模推广应用奠定了基础。

1 地质情况及施工难点

1.1 地质情况

大庆深层气藏岩性复杂，并具有多套储集类型。其典型特征为：(1)纵向上分布井段长、埋藏深，完钻井深最深达到 6300m；(2)井温高，平均地温梯度在 4.0℃/100m 左右；(3) 岩性致密，密度最高可达 2.75g/cm^3；(4) 物性差，火山岩储层渗透率最低仅有 0.02mD，孔隙度为 4.0%；(5)储集空间复杂，主要有原生气孔和裂缝组合、纯裂缝储层、溶孔与裂缝组合等[1]。

1.2 施工难点

徐深 7-平 1 井为大庆深层气藏的一口水平井，该井有 3 个特点：一是目的层埋藏深，完钻垂深为 3793m；二是水平段长，完钻井深为 5125m，水平段长超过 1200m；三是水平段靶窗范围窄，且控制点少。因此，钻井施工面临诸多困难：

（1）地层岩性复杂，砂砾岩较发育，地层研磨性强，造成机械钻速低。

（2）导眼井存在发生井漏或气侵等井下复杂情况的潜在风险。

（3）造斜井段及水平段摩阻或扭矩大，钻具易发生疲劳破坏及托压现象。

（4）水平段长、靶窗范围窄且靶点数量少，井眼轨迹控制难度大[2]。

第一作者简介：张 凯，1987 年生，男，工程师，现主要从事钻井工程设计及钻完井工程方面的研究工作。
邮箱：zhangkai@ petrochina. com. cn。

2 钻井设计优化

为了达到既能提高机械钻速，降低钻井成本，又能提高开发效果的目的，在徐深 7-平 1 井进行了攻关研究。从源头出发，对钻井设计进行优化，以期达到预期开发目的。

2.1 井眼轨道设计

2.1.1 轨道剖面优选

合理的井眼剖面设计是长水平段水平井取得成功的关键之一。首先考虑降低起下钻摩阻，实现安全、快速、高效钻井施工；其次尽量降低井眼的造斜率，为钻柱和后期套管柱的顺利下入创造条件。钻达地质目标有 3 种井眼轨道类型，即变曲率三增井眼轨道模型、悬链线井眼轨道模型、准悬链线井眼轨道模型，这 3 种井眼轨道类型的优选数据如表 1 所示。

根据油藏开发方案给出的 3 个地质靶点进行 3 种轨道模型的井眼轨道设计，从起钻摩阻、下钻摩阻及平均摩阻 3 方面进行对比，变曲率三增井眼轨道剖面平均摩阻最小。而且变曲率三增井眼轨道模型与其他井眼轨道模型相比，井眼轨道设计长度明显缩短，减少了施工工序，提高了钻井效率[3]。

表 1 井眼轨道类型优选数据表 单位：kN

井眼轨道类型	摩阻		
	起钻	下钻	平均
变曲率三增	462.3	458.0	464.5
悬链线	471.1	464.1	468.2
准悬链线	472.6	466.7	470.1

井眼轨道采用“变曲率三增轨道模型”设计，造斜率为（4°~5）°/30m，造斜段与增斜段的造斜率相近且都比较小，设计出的井眼轨道平滑，既有利于现场钻井施工，又有利于测量工具和固完井工具的顺利下入。设计的井眼轨道数据如表 2 所示。

表 2 井眼轨道设计数据表

描述	井深（m）	井斜角（°）	网格方位角（°）	垂深（m）	闭合距（m）	造斜率[（°）/30m]
井口	0	0	0	0	0	0
造斜点	3211.00	0	322.32	3211.00	0	0
第一造斜完	3573.21	48.30	322.32	3531.82	143.83	4.00
第二造斜完	3873.13	82.00	322.32	3680.58	397.62	5.00
靶点 A	3915.85	83.42	322.32	3686.00	440.00	1.00
穿层点	4600.35	83.42	322.32	3764.39	1120.00	0
虚拟靶点	4674.64	87.14	322.32	3770.50	1194.02	1.50
靶点 B	5125.00	87.14	322.32	3793.00	1644.12	0

2.1.2 井眼轨道控制

由于徐深 7-平 1 井水平段较长，长度超过 1200m，而油藏开发方案给出的靶点只有 3 个，平均每个靶点要控制的水平段长度在 400m 以上，同时油藏限定的靶窗范围又很窄，上下只有 2m，只靠 3 个靶点把整个井眼轨道都控制在靶窗范围内很难（图 1）。

按照油藏给定的 3 个靶点设计的井眼轨道如图 2 所示；但由于控制点较少，在穿层点和靶点 B 之间的轨道（图中红色）偏出了油藏给出的靶窗范围（图中蓝色），降低储层“甜点”钻遇率，影响开发效果。

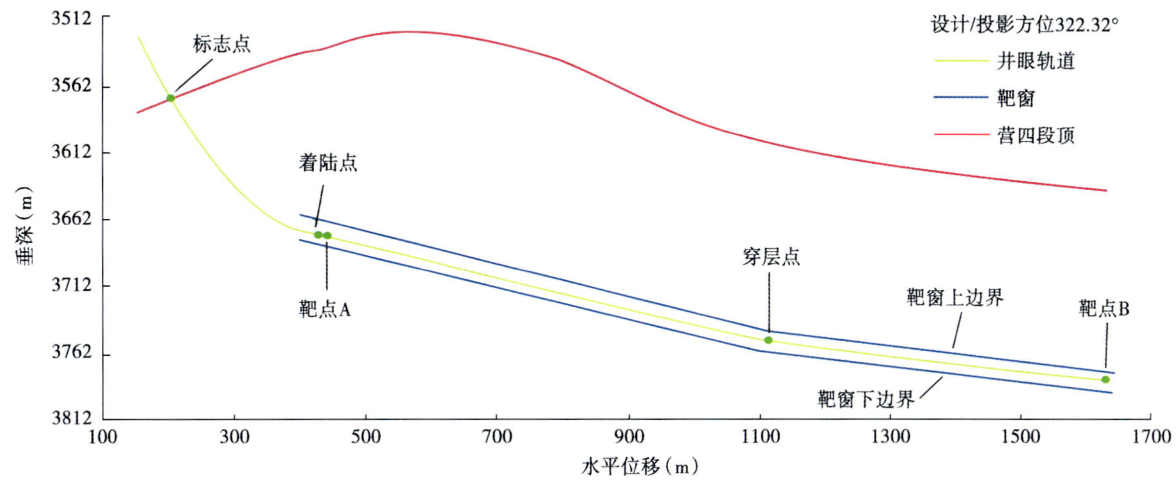

图 1　地质设计给出井眼轨道图

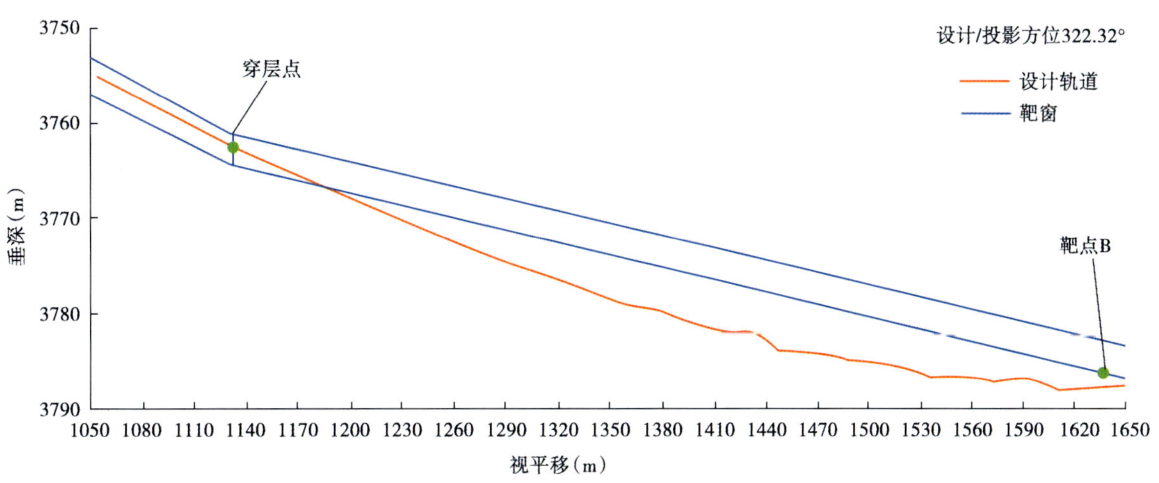

图 2　徐深 7-平 1 井优化前井眼轨道剖面图

如果在油藏给出的穿层点和靶点 B 之间添加一个靶点，该靶点是工程设计人员为了更好地控制井眼轨道而虚设的一个靶点，称之为“虚拟靶点”，添加“虚拟靶点”之后整个井眼轨道都在油藏限定的靶窗范围内。优化后井眼轨道剖面图如图 3 所示。

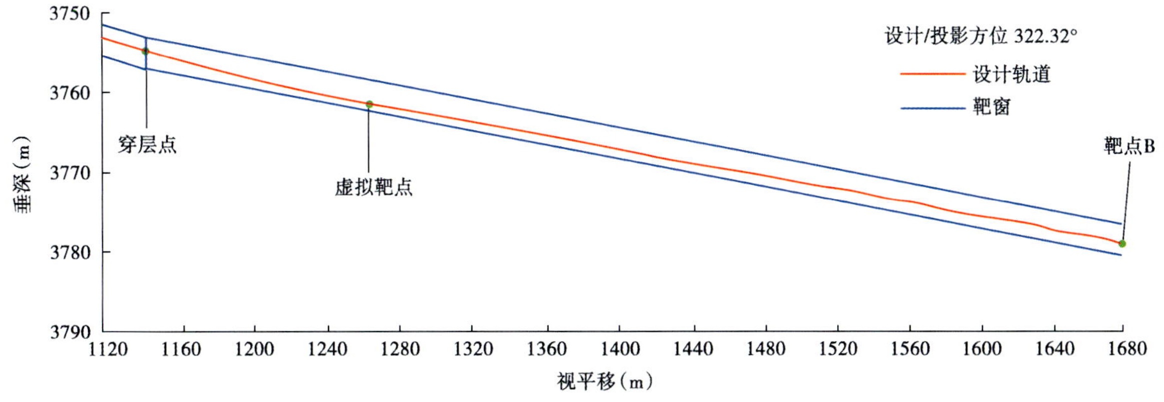

图 3　徐深 7-平 1 井优化后井眼轨道设计剖面图

2.2 井身结构设计

综合考虑完钻井深、目的层位、岩性特征、地层压力系数、各开次的裸眼段长度和固完井施工难度等多种因素，并结合大庆深层气藏已完钻井的钻完井资料，对井身结构进行优化，选择合适尺寸的钻头和套管，以及各层套管的下入深度。在下一层井段开钻前，做到封固容易出现复杂和异常压力层段，避免在下步施工中出现井塌、井漏等复杂事故的发生。

徐深 7-平 1 井井身结构优化程序如下：

(1) 外径 339.7 mm 表层套管下深至 171m 处，封固浅部松散易塌地层，并保护浅层水。

(2) 由于邻井测得的气水界面深度为 2600m，为了封固该层位，二开外径 244.5mm 技术套管下深至 2649m 处，即下至气水界面以下 49m，封固含气层；并优选高效 PDC 钻头，采用复合钻井技术，实现 2 只 PDC 钻头钻完二开井段。

(3) 在该井水平段施工前，为了探明目的层埋深和储层含油气性，先钻了一口直导眼井，完钻井深为 3973m，三开打水泥塞完井，水泥塞面深度为 3130m。

徐深 7-平 1 井井眼施工利用导眼井一开、二开井段，三开施工从钻水泥塞开始，钻至 3211m 造斜，采用外径 215.9mm 钻头钻至井底，下入外径 139.7mm 生产套管；采用顶驱、液动旋冲工具及配套 PDC 钻头等完成水平段钻井施工[4-6]。该井井身结构如图 4 所示。

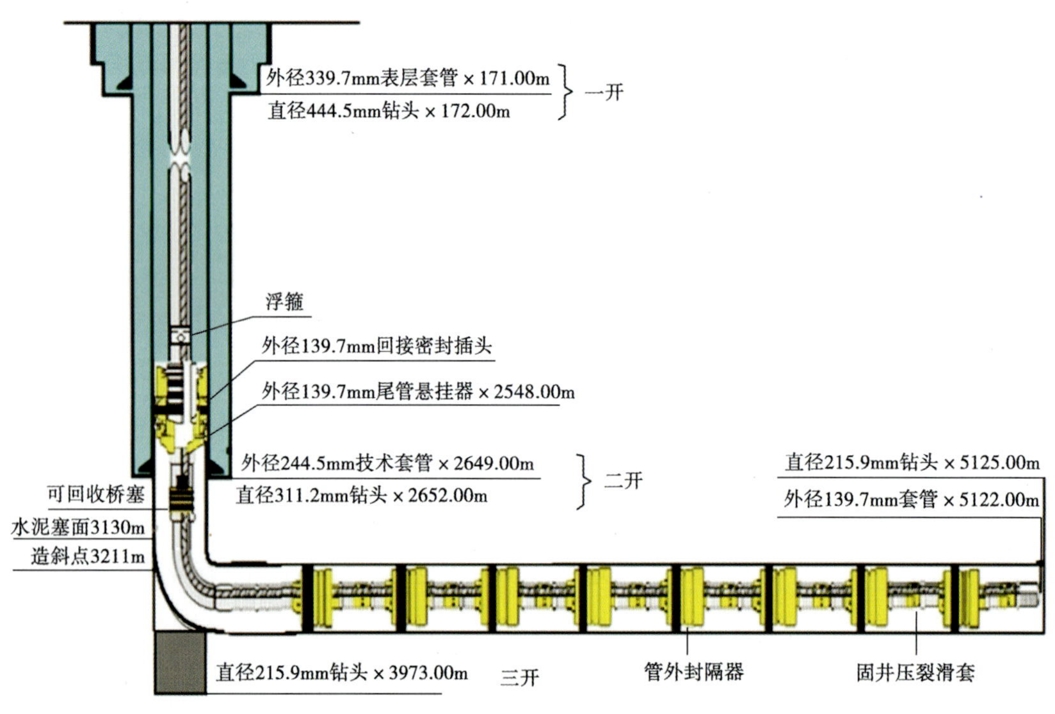

图 4 徐深 7-平 1 井井身结构图

2.3 钻具组合优化设计

针对大庆深层气藏地层特点，合理运用提速工具是提速的关键，主要针对三开井段泉头组及营城组钻具组合进行优化设计。三开直井段采用大庆油田自主研发的液动旋冲工具配合 PDC 钻头。具体钻具组合为：直径 215.9mm 钻头 × 0.31m + 外径 182.0mm 液动旋冲工具×1.68m+外径 165.1mm 钻铤×9.39m+外径 214.0mm 稳定器×1.48m+外径 165mm 钻铤×213.05m +外径 127mm 钻杆。三开直井段的机械钻速较邻井提高 35%，达到 5.17m/h[7-8]。

造斜段采用涡轮钻具组合：外径 215.9mm 钻铤×0.45m+外径 180mm 涡轮钻具×9.86m +外径 214.0mm 稳定器×1.5m+外径 165.1mm 钻铤×276.84m +外径 127mm 钻杆。通过采用涡轮钻具进一步提高造斜段钻速，较邻井提高了 30%，达到 3.41m/h。

水平段采用水力振荡器配合超高转速牙轮钻头钻具组合：直径 215.90mm 钻头×0.32m+外径 172.00mm 水力振荡器×6.91m+外径 172.00mm 随钻测井仪×9.72m+外径 127.00mm 加重钻杆×9.31m+外径 127.00mm 浮阀×0.40m+外径 127.00mm 加重钻杆×337.13m+外径 127.00mm 钻杆。通过水力振荡器产生的横向震动配合超高转速的牙轮钻头，实现高效率的破岩速度，机械钻速达到 2.37m/h，比邻井提高了 112%以上。由于避免了反复划眼，使井眼轨迹更规整平滑，有利用后期下套管作业。此外，由于低钻压、高转速的钻进，避免了因钻柱屈曲而产生托压情况的发生。

2.4 钻头优选设计

钻头优选的目的是为了取得较高的钻速和更多的单只进尺。根据地层硬度高、研磨性强的特点，以及从钻头对地层的适应性特征考虑：（1）二开优选了抗研磨又保径的高效 JKP 类型的 PDC 钻头，该钻头采用进口复合片，增加了耐磨性和攻击性，以达到提高机械钻速的目的，实现二开井段使用 2 只钻头顺利完钻的效果；（2）三开直井段优选大庆油田自主研制的与液动旋冲工具配套使用的 JKP-6 钻头，机械钻速达到 4.55m/h，较邻井同等条件下使用牙轮钻头提高 28%；（3）造斜段和水平段优选涡轮配合瑞德 DD5560M-A1 钻头和提速工具水力振荡器配合超高转速牙轮钻头 SMD637HDY 施工，实现单只钻头进尺 204m，机械钻速达到 2.37m/h。

表 3　钻头优选结果表

施工项目	优化前		优化后		效果对比
	钻头型号	使用情况	钻头型号	使用情况	
直井段	Q736	平均机械钻速为 12.86m/h；2200m 的井段 2 只 PDC 钻头钻完	JKP-5	机械钻速达 15.31m/h；2200m 的井段 1 只 PDC 钻头完钻	机械钻速提高 30%；钻头进尺提高 100%
直井段	HJT637GH	平均机械钻速为 3.56 m/h；300m 井段 3 只钻头完钻	JKP-6	机械钻速达 4.55m/h；300m 的井段 2 只 PDC 钻头完钻	机械钻速提高 28%；钻头进尺提高 50%
造斜段	Q635	平均机械钻速为 2.35m/h；600m 造斜段 8 只钻头完钻	DD5560M-A1	机械钻速达 3.41m/h；600m 的井段 6 只 PDC 钻头完钻	机械钻速提高 45%；钻头进尺提高 25%
水平段	贝壳 HP524	平均机械钻速为 1.12m/h；1500m 水平段 25 只钻头完钻	SMD637HDY	机械钻速达 2.37m/h；1500m 的井段 10 只牙轮钻头完钻	机械钻速提高 112%；钻头进尺提高 61%

3 现场施工

3.1 施工过程

为了保证水平井准确入靶，该井施工前设计先钻导眼井，待导眼井探明目的层后再确定水平井井眼轨道数据，进行侧钻水平井施工。

从 3211m 开始侧钻进入造斜段，为了提高该段机械钻速，该段选用涡轮配合 DD5560M-A1 钻头钻进，钻速为 3.41m/h，高于邻井同井段钻速；进入水平段后，为了控制该段的井斜和造斜率，以及保证机械钻速和满足完井管柱的安全下入，优选提速工具水力振荡器配合超高转速牙轮钻头 SMD637HDY 施工，具体钻具组合为直径 215.90mm 钻头×0.32m+外径 172.00mm 水力振荡器×6.91m+外径 172.00mm 随钻测井仪×9.72m+外径 127.00mm 加重钻杆×9.31m+外径 127.00mm 浮阀×0.40m+外径 127.00mm 加重钻杆×337.13m+外径 127.00mm 钻杆。通过以上方式可以很好地控制井眼轨迹，提高储层钻遇率[9-11]。

3.2 施工效果

（1）通过井眼轨道优化设计，实现了井眼轨迹平滑，方便套管和其他管柱顺利下入，提高了井身质量。

（2）优化后的井身结构，各层套管均封固了易塌、易漏、异常压力等复杂地层，避免了在钻进过程中复杂情况的发生，实现了安全高效钻井。

（3）钻具组合和钻头的优化设计，提高了机械钻速，缩短了钻井周期，长度为 2652.00m 的二开井段使用 2 只 JKP-6 钻头顺利钻完。

（4）三开井段通过液动旋冲提速工具、涡轮钻井技术和旋转导向等工具配合 PDC 钻头的应用，提速效果明显，且提高了单只钻头的进尺。

徐深 7-平 1 井与邻井水平段机械钻速和钻头单只进尺对比情况如图 5 所示。由图可以看出，徐深 7-平 1 井机械钻速为 2.37m/h，较邻井提高了 112%；单只钻头进尺为 204m，较邻井提高了 61%；施工效果明显优于邻井。

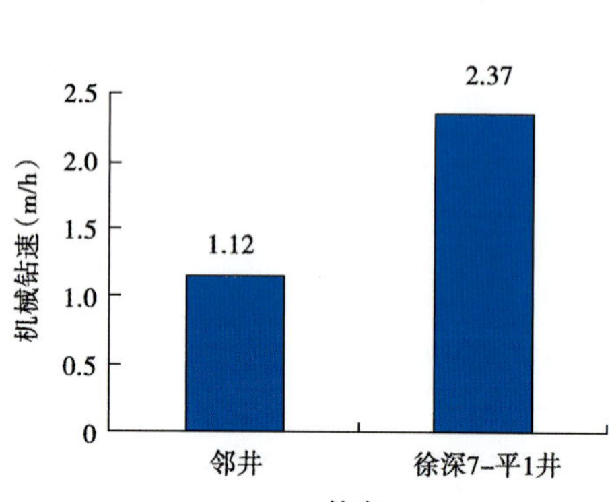

a. 钻速

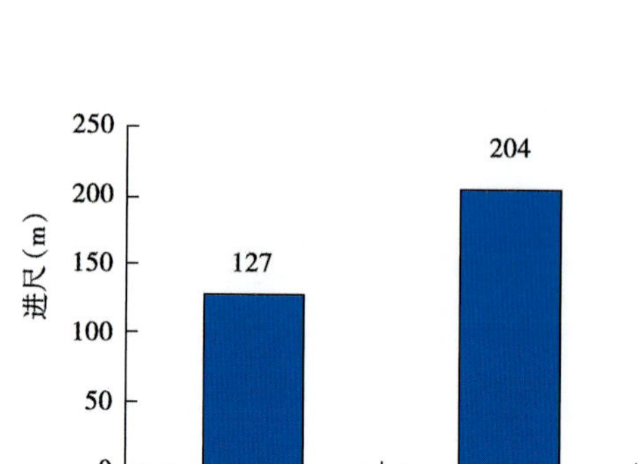

b. 进尺

图 5 机械钻速和进尺对比图

4 结 论

（1）通过对井身结构、钻具组合和井眼设计轨道进行优化设计，优质、高效地完成了徐深 7-平 1 井钻井施工，缩短了钻井周期，降低了钻井成本。

（2）三开旋转导向工具对井眼的精确控制，以及井眼轨迹平滑完整，为后期固完井作业的顺利进行提供了可靠保障。

（3）添加“虚拟靶点”控制水平井井眼轨道，有利于提高储层“甜点”层位钻遇率，提高单井产量。

（4）涡轮、旋转导向钻具配备高效 PDC 钻头，提速效果明显，为其他井在钻井施工提供了参考。

参考文献

[1] 潘荣山，张凯，李继丰，等．大庆油田第一口深层天然气双分支水平井钻完井实践［J］．石油钻采工艺，2016，38（1）：1-4.

[2] 李瑞营，王峰，陈绍云，等．大庆深层钻井提速技术［J］．石油钻探技术，2015，43（1）：38-43.

[3] 张凯．增设虚拟靶点控制水平井井眼轨道设计技术［J］．石油钻采工艺，2015，37（2）：5-7.

[4] 张凯．大庆垣平 1 大位移井的钻井技术［J］．石油钻采工艺，2014，36（1）：26-28.

[5] 张凯．深层天然气双分支水平钻完井设计——以芳深 6-双平 1 井为例［G］//大庆油田有限责任公司采油工程研究院．采油工程文集 2017 年第 1 辑．北京：石油工业出版社，2017：66-69.

[6] 石秉忠，欧彪，徐江，等．川西深井钻井液技术难点分析及对策［J］．断块油气田，2011，18（6）：799-802.

[7] 李克智，闫吉曾．红河油田水平井钻井提速难点与技术对策［J］．石油钻探技术，2014，42（2）：117-122.

[8] 韩福彬，李瑞营，李国华，等．庆深气田致密砂砾岩气藏小井眼水平井钻井技术［J］．石油钻探技术，2013，41（5）：56-61.

[9] 赵国顺，郭宝玉，蒋金宝．巴麦地区钻井难点分析与提速关键技术［J］．石油钻探技术，2011，39（6）：11-14.

[10] 蒋祖军，肖国益，李群生，等．川西深井提高钻井速度配套技术［J］．石油钻探技术，2010，38（4）：30-34.

[11] 张茂林，万云祥，谢飞龙，等．吉木萨尔致密油钻井提速技术与实践［J］．石油钻采工艺，2014，36（5）：18-21.

蒙古国塔21区块钻井技术探讨

周连才[1]，杨金龙[2]，朱健军[2]，马金龙[2]

（1. 大庆油田有限责任公司钻探工程公司；2. 大庆油田有限责任公司采油工程研究院）

摘　要：针对蒙古国塔21区块实施调整井以来，出现钻井施工难度增加及风险增大等情况，开展了钻井设计优化技术研究。通过分析表层套管下深、压力系数、钻关和降压等现场施工问题，应用Landmark软件预先计算，对待钻井进行优化设计。通过优选钻具组合，以及合理利用复合钻进等方案、措施，优质、高效地完成了塔木察格盆地塔21区块N-1井的钻井设计及施工；使平均机械钻速达25.89m/h，井身质量、固井质量合格。从而进一步加强了蒙古国塔21区块钻井设计的指导性、科学性和针对性，为安全、高效钻井提供了可靠的技术保障。

关键词：塔21区块；钻井设计；钻具组合；钻关降压；机械钻速

截至2018年，蒙古国塔21区块动用叠合面积61.93km^2，地质储量为1.15×10^{8}t，基建采油井为749口，注水井为304口，累计采油量为616.48×10^{4}t，累计注水量为1328.82×10^{4}t，采油速度为0.81%，采出程度为5.39%，累计注采比为1.27。该区块自2016年开始施工调整井，除部分边远断块外，其他井基本都是调整井，增加了施工难度。通过优化设计钻井施工方案，为保证在安全钻进的前提下，优质而高效地完成施工任务，更好地满足蒙古国塔木察格区块钻井工程的需要，对塔21区块钻井过程中的难点和问题进行了探讨分析。

1 地质特征及钻井风险

塔木察格盆地的塔21区块位于蒙古国东方省境内，地理位置属于蒙古高原。地势较平坦，略有起伏，地面平均海拔为640m[1-2]。该区块大面积均为草原，气候属中温带干旱，昼夜温差大，为中生代断陷盆地；地势具有断陷结构简单、多凸多凹、凹隆相间的构造格局，从而形成了多物源、多沉积中心的特点[3-5]。该盆地的发育经历了白垩系发育全过程，查干组、下宗巴音组沉积时期为断陷期，形成了扇三角洲—湖泊沉积体系。断陷期扇三角洲前缘砂体为油气聚集成藏提供了良好的储集空间，构造和沉积匹配较好的区域形成构造和岩性控制的岩性—构造油藏[6-7]。

该区块设计井N-1井属于外围盆地范畴，为井控二类风险井；断块已注水开发，存在异常压力，在油层部位钻井时需注意防油气水侵、防井喷；第四系及青元岗组地层疏松需注意防漏、防塌，伊敏组大段泥岩段要防止井壁坍塌、井漏；南屯组和大磨拐河组泥岩厚度较大，横向稳定，分布很广，需防井塌、防卡、防斜；地层倾角大的井，钻井过程中需注意防斜。

2 现场施工难度

2.1 表层套管下深问题

在进行钻井施工时，需要对成本投入、施工周期和环境保护等因素严格把控。由于塔21区块断块面积小、断层数量多、岩性变化大，表层套管下入深度原则为由表层下入稳定泥岩段10~20m之间，不宜深下；若设计中表层套管下入深度为500m左右，则会增加套管投入成本。

第一作者简介：周连才，1969年生，男，工程师，现主要从事塔木察格钻井施工、设计和地质设计研究工作。

邮箱：626986966@qq.com。

2.2 地层压力难预测

受地质构造破碎、布井方式灵活、连通性多变、断层密集等方面的影响，塔 21 区块井与井之间地层压力变化大，没有规律性，分析和预测地层压力的难度如下：

（1）受地层条件影响，部分井区储层渗透性差、连通性不好，部分注水井在井口放不出水的情况下，压力高达 15MPa 以上，降压比较困难。

（2）受油水井分布方面的影响，局部井网不够完善，存在只注不采的现象。有些油水井地面布局虽然看起来合理，但在井下可能受地层尖灭、泥质条带遮挡等方面的影响，没有形成有效的连通，加上注水压力较高（很多注水井注入压力高于 20MPa），导致注入水后在近井地带或者某个小透镜体内憋压。

（3）受断层和裂缝发育影响，部分断层和裂缝进水，高压水层沿破碎带或裂缝推进数百米甚至上千米，难以准确预测影响的距离和压力大小，钻井施工风险增大。

2.3 钻关和降压难度大

受滚动开发模式限制，注水井关井时间晚，远达不到提前 15 天钻关的设计要求；且迫于产能压力，钻关让位于产能。区块内大部分井都需要井口放溢流降压，又面临没有足够的放溢水罐，溢流无处排放，达不到环保要求等困难，导致钻机就位后注水井压力依然很高，影响施工进度和施工安全。具体难度如下：

（1）防漏与防喷的矛盾突出。有些断块，受地层裂隙发育，破裂压力低（井深 2500m，破裂压力 34MPa）等方面的影响，若钻井液密度高，易发生井漏；若钻井液密度低，易受油气水侵，导致钻井液密度窗口变小，防漏与防喷的矛盾突出。

（2）钻关标准确定难。由于区块断块面积小、数量多、断层多、岩性变化大，大部分地层的渗透性低、连通性差，导致部分注水井虽然压力很高，但实际对钻井安全的影响不大；当钻遇少部分连通性好的断层、裂缝时，又会遭遇难以预测的高压水层，易发生严重水侵，无法保证安全钻进。

分析预测难度大、井位没有选择的余地、部分井降压缓慢甚至没有降压手段，因此钻关的压力标准需要综合考虑风险、效益、甲方要求等多方面因素，以达到各方面平衡。

3 设计与实钻对比

通过对塔 21 区块钻井现场调研，综合分析表层套管下入深度、压力系数预测、钻关方案等方面存在的问题，结合现场实际情况，加强塔 21 区块钻井设计和钻井方案的科学性和准确性，优质高效地完成了塔 21 区块 N-1 井的施工。

3.1 优化设计

由于大磨拐河组的泥岩纹理很多，岩层在不同方向上抗压强度不同，垂直地层层面抗压强度小，岩石容易破碎，钻进时造成钻头稳定性差，不易控制井斜和井身质量，井斜有增大趋势。所以，在安全施工的基础上，综合考虑设计井深、钻遇的层位、各地层的岩性、地层压力、各次开钻的裸眼段长度和各井段固井施工难度等多种因素，对井身结构进行优化，选择合适尺寸的钻头和套管，以及各层套管的下入深度。通过分析周围邻井钻完井资料，找出容易出现复杂情况和钻速较低井段的位置，从而可以采取应对措施，由此得出解决方法，即：二开采用 PDC 钻头实现快速钻进。

设计井 N-1 井位于蒙古国塔木察格盆地 21 区块南部塔 21-25 断块内，目的层为南屯组。该井在钻进不同井段时所用的钻具组合情况如表 1 所示。

表 1　钻具组合设计表

钻进井段（m）	钻具组合	钻进方式
0.00~193.00	直径 374.7mm 钻头×1.25m+外径 165mm 磁性钻铤×9.13m+外径 165mm 钻铤×105.99m+外径 127mm 钻杆	转盘钻进
193.00~2123.00	直径 220.0mm 钻头×0.35m+外径 172mm 螺杆钻具×8.91m+外径 165mm 磁性钻铤×9.13m+外径 165mm 钻铤×86.76m+外径 127mm 钻杆	PDC 复合钻进

优化程序：(1) 表层套管优化为外径 273.1mm×191.39m，封固地表松散地层；(2) 根据邻井钻井情况，二开优选高效 PDC 钻头，采用复合钻井技术，提高二开井段机械钻速；(3) 综合考虑钻遇地层的各向异性、软硬地层的可钻性差异、钻柱在钻压作用下的弹性弯曲等因素对井斜的影响，结合下部钻具自身特性（钻铤尺寸、强度、刚度、井眼间隙等）、钻压决定钻柱的弯曲程度及井斜角。通过提高下部钻具质量，优化钻具组合，选择满足井眼安全的最大外径的螺杆，可保证足够的动力，且有利于工具面的稳定，使该井施工达到良好的降斜效果。

3.2 钻井施工情况

(1) 坚持定点测斜，全井使用无线 MWD（随钻测量工具）监测，最大井斜角为 2.57°，井深为 1850.77m，最大全角变化率为 1.34°，全井平均井径扩大率为 3.71%。井底水平位移如图 1 所示，井身质量合格。

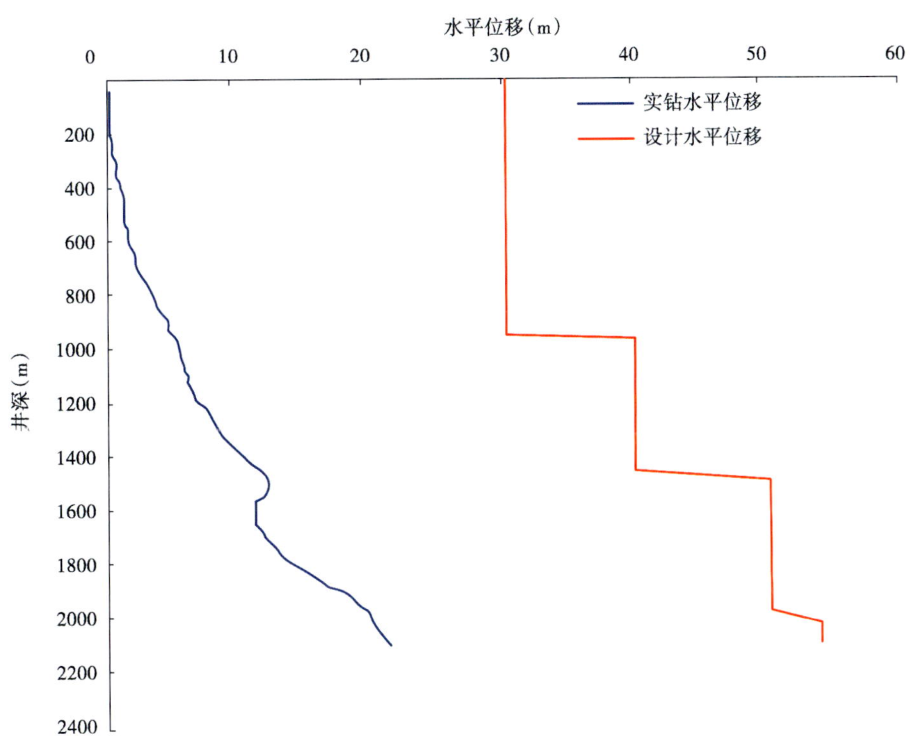

图 1　N-1 井水平位移示意图

对比分析图 1 中的两条曲线可得，由于大磨拐河组、南屯组岩性变化大，存在不等厚互层，且地层可钻性相差悬殊，软硬交错，变化频繁，钻进时易发生井斜。综合考虑井眼轨迹、地层岩性和螺杆结构参数等因素的影响，通过适当降低钻压或提高钻速达到纠斜的目的，最终保证实测水平位移小于设计水平位移，在钻井提速的同时，完钻井深达 2123m，闭合距达 21.92m，满足现场施工要求。

(2) N-1 井一开采用混浆开钻，二开严格按要求配制钻井液，确保钻井液性能达到设计要求，严格控制固控设备的使用率。坚持每小时测量一次钻井液密度及黏度，坚持做全套性能检测，保证钻井液各项指标都在设计范围之内，满足甲方及地质录井的要求。

(3) N-1 井一开钻头使用直径 374.7mm 的牙轮钻头钻进至 193.00m，二开钻头使用直径 220.0mm 的 PDC 钻头钻进至 2123.00m 完钻，共使用钻头 2 只。

3.3 钻井进度及时效分析

N-1 井钻进周期为 7.46 天，建井周期为

12.67天，实际井深为2123m，平均机械钻速为25.89m/h，固井质量合格，钻井设计与施工进度对比分析如图2所示。由图可以看出，该井设计建井周期为18天，实际建井周期为12.67天，实际比设计建井周期缩短了29.6%，达到预期的钻探效果。

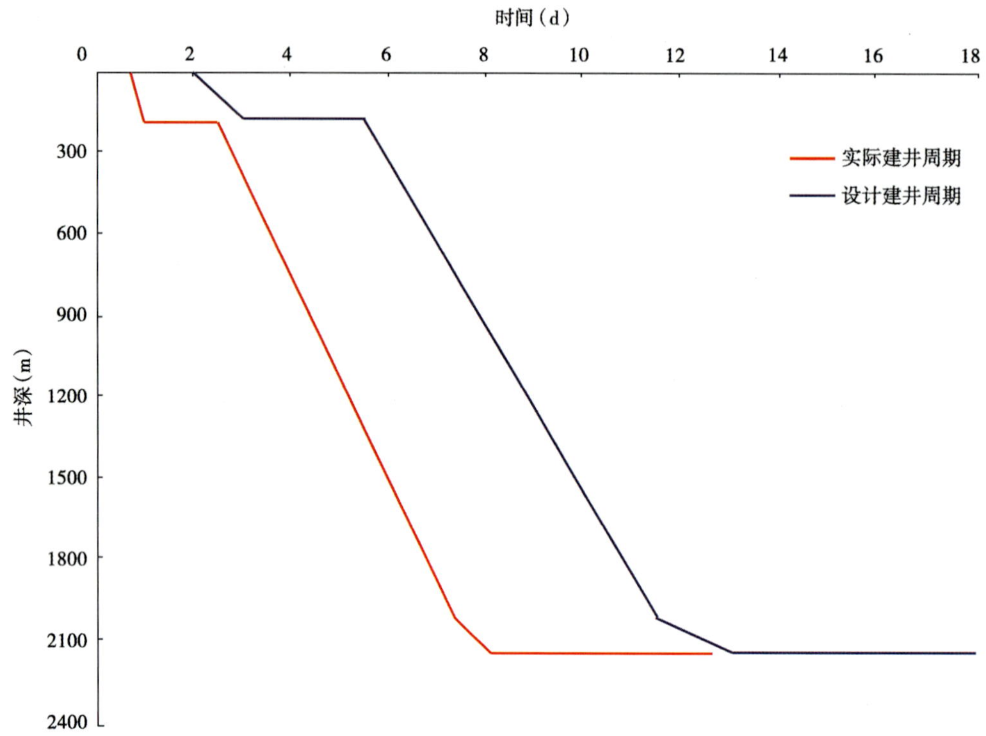

图2　钻井设计与施工进度对比分析图

4 结　论

（1）结合现场实际对钻井设计进行优化，使得实际建井周期比设计建井周期缩短了29.6%，在降低钻进过程中风险的同时，加强了施工效果，加快了施工进度。

（2）通过优选钻具组合、合理利用复合钻进等措施，实现井眼轨迹光滑及安全快速钻进，平均机械钻速达25.89m/h，有效保证了蒙古国塔木察格区块的钻井速度，节约了钻井成本，满足了油田开发的需求。

（3）井斜、地层出水引起钻井复杂情况及井壁失稳，致使钻井提效不明显，对此问题需有待研究，从而形成适合塔木察格区块的钻井配套技术，真正意义上实现钻井提速增效，加快油田勘探开发进程。

参考文献

[1] 邵红君．塔木察格盆地南贝尔凹陷石油地质特征［J］．内蒙古石油化工，2016（8）：45-48.

[2] 陈德铭，巩建军，蒲庆如，等．蒙古国塔木察格油田钻井液技术［J］．钻井液与完井液，2010，27（6）：92-94.

[3] 潘荣山，张凯，李继丰，等．大庆油田第一口深层天然气双分支水平井钻完井实践［J］．石油钻探技术，2016，38（1）：1-4.

[4] 谷洪文．开窗侧钻水平井井眼轨迹控制技术［R］．采油工程，2006（3）：1-4.

[5] 周毅．蒙古国塔木察格区块钻井提速配套技术［J］．中国石油和化工标准与质量，2013（9）：115.

[6] 朱健军，万凤珍．大庆油田鱼骨状水平分支井钻井技术探讨［G］//大庆油田有限责任公司采油工程研究院．采油工程2010年第3辑．北京：石油工业出版社，2010：1-3.

[7] 王建伟．蒙古国塔木察格19区块优快钻井技术［J］．石化技术，2016，23（3）：19-22.

四站储气库群先导试验井完井管柱优化设计

安志波

(大庆油田有限公司采油工程研究院)

摘　要：四站储气库群先导试验井相比正常生产气井工作气量大，在强注强采过程中管柱不断承受交变载荷，管柱失效风险大，而且四站储气库群地质条件复杂，管柱腐蚀严重，为此，开展了先导试验井完井优化设计研究。从完井管柱结构、井口装置、管柱扣型及生产管柱材质优选等几个方面进行详细论证。结果表明，四站储气库群先导试验井采用一体化管柱结构，油管采用TSH Blue螺纹，生产管柱采用L80材质，可满足该井的长期安全运行要求。通过以上设计研究，为四站储气库群的建立提供一定的借鉴。

关键词：储气库；完井方案；管柱结构；交变载荷；腐蚀

地下储气库在调峰和保障供气安全方面具有不可替代的作用和明显优势，2017年我国地下储气库实现天然气$117\times10^8m^3$调峰能力，很大程度上缓解了冬季“气荒”，但仍存在巨大缺口。

2014年5月，中俄双方企业签署了中俄东线天然气购销合同，预计2019年10月开始供气。根据中俄东线初步设计，中俄东线天然气管道目标市场为东北三省、环渤海和长三角地区，为满足中俄东西天然气管道和黑龙江调峰及应急供气，建立了四站储气库群。

由于储气库井相比常规气井存在工作气量大且管柱承受交变载荷等问题，完井方案不能按照普通生产气井进行设计，且四站储气库群属火山岩储层，其地质及气水特征与目前国内外在役储气库井有较大差别，在借鉴目前在役储气库井完井管柱结构基础上，进行了四站储气库群试验井完井工程方案优化设计与研究[1]。

1 完井管柱设计难点

1.1 工作气量大

四站储气库和朝51储气库单井产气量是生产气井的13.6~30.4倍，其对管柱结构的完整性和井口要求更高。

1.2 管柱承受交变载荷

储气库在强注强采过程中，井筒内温度、压力呈周期性交替变化，产生交变载荷极易造成注采管柱的疲劳损坏或螺纹连接处密封性失效，最终导致储气库废弃或影响储气库的调峰能力。

1.3 管柱腐蚀严重

四站储气库群运行压力为2.3~5.81MPa或是2.3~6.36MPa，注入天然气的CO_2含量为2%~3%，CO_2分压为0.04~0.19MPa，属于中等腐蚀，并且构造低部位存在出水风险，因此在采出过程中存在腐蚀风险。

2 完井管柱优化设计

2.1 优化完井管柱结构

为提高储气库井完井设计质量，对生产用管柱结构采取以下两项措施[2-3]。

作者简介：安志波，1987年生，女，工程师，现主要从事气井完井方案设计工作。

邮箱：anzhibo@petrochina.com.cn。

（1）一体化管柱结构：射孔后直接投产，避免压井作业对地层造成伤害；减少作业成本。

（2）增加封隔器：减少套管承压；可在封隔器以上的油套环空加注环空保护液，保护油套环空，减轻套管腐蚀。

完井管柱（从下到上）由射孔枪、坐落短节、生产封隔器、井下安全阀、油管至井口组成（图1）。

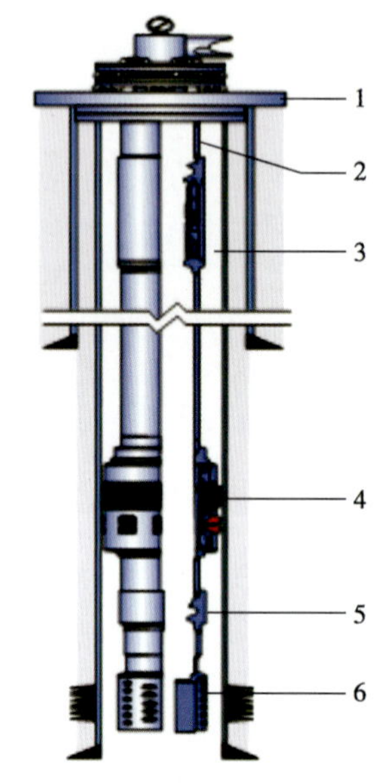

图1　完井管柱结构示意图

1—井口；2—油管；3—井下安全阀；4—生产封隔器；5—坐落短节；6—射孔枪

2.2 优选采气井口装置

四站、朝51区块自产天然气中 CO_2 含量为0.04%～0.25%，CO_2 分压为0.003～0.015MPa；气源气的 CO_2 含量为2%～3%，CO_2 分压为0.04～0.19MPa，不含硫化氢。按照GB/T 22513—2013《石油天然气工业钻井和采油设备 井口装置和采油树》相关要求，采气井口选用BB级材质。井口装置示意图如图2所示，井口装置材料要求如表1所示。

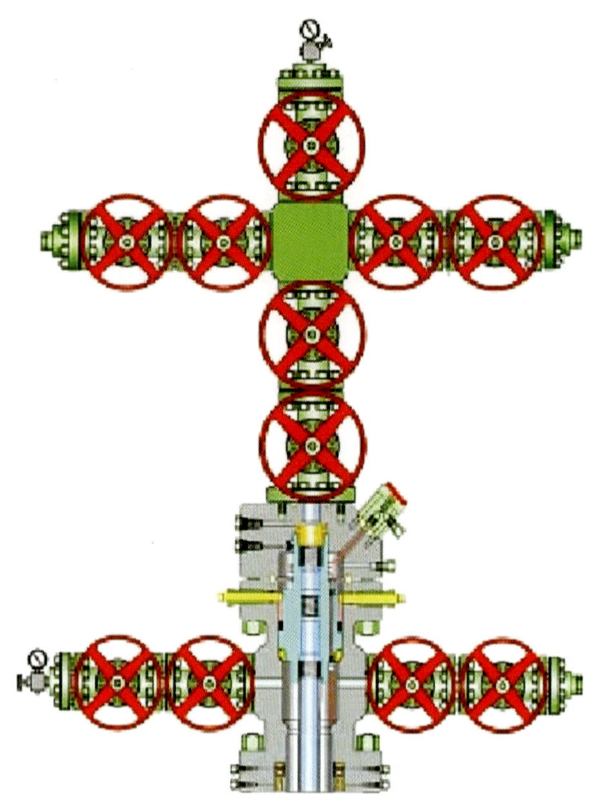

图2　井口装置示意图

表1　井口装置材料规范表

材料级别		相关腐蚀性	CO_2 分压（MPa）	材料最低要求	
				本体、阀盖、端部和出口链接	控压件、阀杆和芯轴悬挂器
AA	一般使用	无腐蚀	<0.05	碳钢或低合金钢	碳钢或低合金钢
BB	一般使用	轻度腐蚀	0.05～0.21	碳钢或低合金钢	不锈钢
CC	一般使用	中度至高度腐蚀	>0.21	不锈钢	不锈钢
DD	酸性环境	无腐蚀	<0.05	碳钢或低合金钢	碳钢或低合金钢
EE	酸性环境	轻度腐蚀	0.05～0.21	碳钢或低合金钢	不锈钢
FF	酸性环境	中度至高度腐蚀	>0.21	不锈钢	不锈钢
HH	酸性环境			耐蚀合金	耐蚀合金

采气井口技术参数如下。

（1）耐温等级：L—S级（−46～66℃）。

（2）密封形式：金属对金属密封。

（3）规范级别：PSL-3G。

（4）性能级别：PR2。

（5）采气井口需带有井下安全阀控制管线通道，以及配有紧急关断阀。

2.3 优选管柱扣型

注采管柱是保证气体注入、采出的安全通道，储气库套管柱设计寿命在 30 年以上，对注采管柱同样提出更高的要求，要确保 30 年或更长期限内注采管柱的运行安全，如何做到注采管柱的准确下入、坐封对每口气井都非常重要，为此必须分析注采管柱下井后的受力情况。

按照日注气量为 $20\times10^4m^3$、日采气量为 $30\times10^4m^3$ 的标准，计算外径为 88.9mm 油管在各种工况下的最大载荷。注采过程中油管柱载荷计算结果为-317.6～136.02kN，螺纹极限载荷比为-34.49%～14.77%；据此要求，气密封螺纹压缩效率不小于 40%，具体油管螺纹极限载荷比结果如图 3 所示。

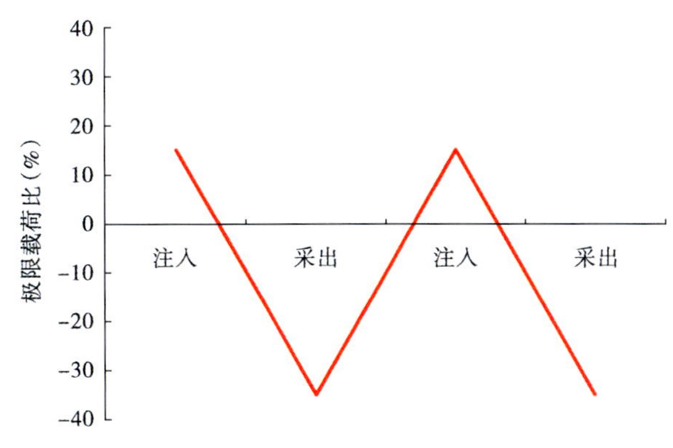

图 3　油管螺纹极限载荷比图

2.3.1 初选油管螺纹

经过对比分析，国外特殊螺纹接头在压缩载荷下的密封性能优于国内特殊螺纹接头，压缩效率要高于国内特殊螺纹（表 2）。其气密封循环实验时，最大压缩载荷下均在 ISO13679 国际标准范围内，即最大仅进行 67%压缩载荷下的气密封实验，均没有进行 80%压缩载荷下的气密封实验。

表 2　不同气密封特殊螺纹扣型油管生产厂给定的拉伸和压缩效率表　　单位：%

螺纹名称	L	B1	G2	B2	H	B	V	TSH	VT	V21
拉伸效率	80	100	100	100	100	100	100	100	100	100
压缩效率	30	40	80	80	80	80	80	100	100	100

但从生产厂给出的数据来看，目前油管接头按气密封性能大致可以分为 4 类：

（1）API 圆螺纹（L）接头，其耐液密封能力较好，耐气密封能力相对下降。

（2）国内早期油管气密封螺纹接头，如 B1，其抗压缩效率较差。

（3）国内目前常用的特殊螺纹接头如 G2、B2、H、B、V 等，油管接头压缩效率提高至 80%，但从现掌握的实验数据看，国外特殊螺纹接头在压缩载荷下的密封性能优于国内特殊螺纹接头。

（4）国外特殊螺纹接头如 TSH、VT、V21 等，油管接头压缩效率提高至 100%，与管体压缩效率等效[4]。

四站储气库群油管规格选用外径 88.9mm 和外径 73mm，钢级选用 L80 钢级，气密封螺纹接头要求接头拉伸效率为 100% 和气密封压缩效率不小于 40%。因此气密封螺纹接头选用 TSH 或 VT 特殊螺纹接头，此次实验选用 TSH 特殊螺纹开展评价实验[5-6]。

2.3.2 油管螺纹评价

对 TSH 螺纹开展极限载荷包络线气密封实验（实验条件：内压为 0～89.63MPa，轴向载荷为 -1593～1593kN），螺纹未发生泄漏。继续开展狗腿度为 12°/30m 时极限弯曲载荷包络线气密封实验（实验条件：内压为 0～89.63MPa，轴向载荷为 -1593～1593kN），螺纹未发生泄漏，具体实验结果如图 4 所示。

四站储气库群油管选用应满足 SY/T 7370—2017《地下储气库注采管柱选用与设计推荐做法》，依据实验评价结果，推荐四站储气库和朝 51 储气库油管选用 TSH 螺纹。

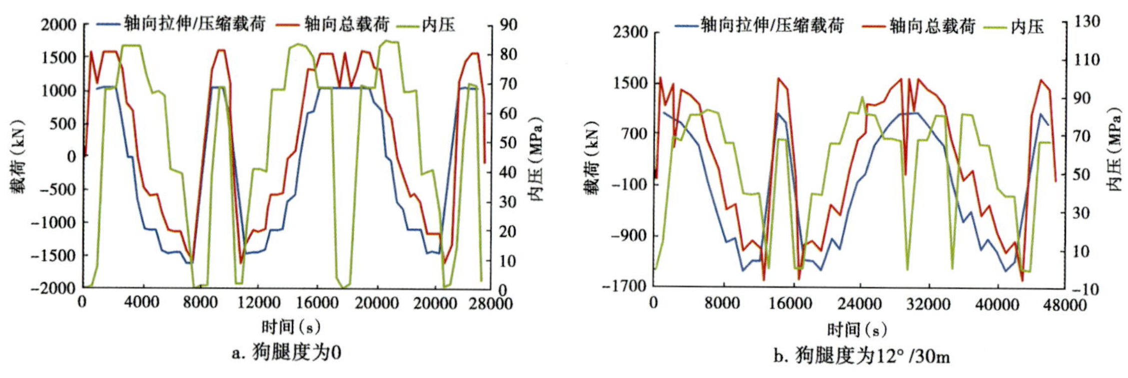

图 4 TSH 螺纹极限载荷曲线图

2.4 优选生产管柱材质

2017 年对四 101 井和朝 51 井进行现场腐蚀监测，结果如表 3 所示。由表 3 可知，气井处于生产后期，L80 钢级油管腐蚀速率为 0.0029mm/a，按照标准规定属于非腐蚀性，满足储气库注采需求[7-8]，因此建议储气库油、套管及其完井工具采用 L80 钢级。

表 3 井口挂片腐蚀监测结果表

井号	生产参数			腐蚀速率（mm/a）			
	油压（MPa）	温度（℃）	日产气量（10^4m^3）	镀 Cr	L80	HP13Cr-110	P110
四 101	1.88	10	0.46	0.0007	0.0013	0.0001	0.0008
朝 51	1.76	10	0.27	0.0004	0.0029	0.0001	0.0010

3 结 论

（1）储气库先导试验井采用一体化管柱结构，增加生产封隔器，不仅能减少储层伤害，而且可以避免环空带压，保护油套环空，降低腐蚀。

（2）四站储气库群是火山岩储气库，与目前国内外在役储气库岩性及地质特征有很大差别，通过对四站储气库群先导试验井的完井方案进行详细研究和论证，能为火山岩储气库的建立奠定基础。

（3）四站储气库群先导试验井目前处于钻井阶段，需要在先导试验井投产之后持续跟踪气井在正常工作条件下的受力及腐蚀等情况，指导后续储气库井完井方案设计，为储气库群的建立提供依据。

参考文献

［1］ 贺海军．注采井 LQ-X 管柱安全评价及剩余使用年限预测［G］//大庆油田有限责任公司采油工程研究院．采油工程文集 2018 年第 1 辑．北京：石油工业出版社，2018：23-27.

［2］ 汪雄雄，樊莲莲，刘双全，等．榆林南地下储气库注采井完井管柱的优化设计［J］．天然气工业，2014，34（1）：92-96.

［3］ 付太森，腰世哲，纪成学，等．文 96 地下储气库注采井完井技术［J］．石油钻采工艺，2013，35（6）：44-47.

［4］ 宋伟伟，纪爱敏，李堑，等．复合载荷作用下特殊螺纹套管接头性能分析［J］．机电工程，2015，32（7）：954-957.

［5］ 马艳琳，李天雷，张智，等．特殊螺纹气密封性能评价研究［J］．石油管材与仪器，2016，2（4）：25-29.

［6］ 王建军，孙建华，薛承文，等．地下储气库注采管柱气密封螺纹接头优选［J］．天然气工业，2017，37（5）：76-80.

［7］ 贺海军．大庆喇嘛甸储气库注采管柱腐蚀速率预测模型建立［G］//大庆油田有限责任公司采油工程研究院．采油工程文集 2017 年第 3 辑．北京：石油工业出版社，2017：73-76.

［8］ 赵磊，田莎莎．浅析文 96 储气库注采井管柱腐蚀规律［J］．内江科技，2016（2）：126.

CO_2 驱注采井压井优化设计方法研究

刘珂君

（大庆油田有限责任公司采油工程研究院）

摘　要：针对 CO_2 驱注采井压井作业压力高、采用无固相高密度压井液滤失量严重的问题，对其压井方法进行了优化设计。通过分析泵注过程中的参数控制和滤失量之间的关系，建立了以滤失量最小为目标的优化函数，并给出了详细的计算机编程步骤。利用该方法对试验井进行优化计算，优化出最优的泵压为8MPa，流速为 $0.3m^3/min$，压井液密度为 $1.30g/cm^3$，配合作业降低了 CO_2 驱注采井压井滤失量，降低了作业成本。该优化为 CO_2 驱注采井压井方案设计及施工提供了重要指导。

关键词：无固相压井液；滤失；CO_2 驱注采井；压井作业；优化设计

为确保安全施工，在油田生产过程中，日常作业通常采用压井液循环压井法来平衡地层压力[1-2]；但是 CO_2 驱注采井压井作业压力一般较高[3-4]，多采用高压带压作业，对压井施工作业的设备要求高，成本也较高，不利于油田成本控制。目前对无固相高密度压井液的滤失量和性能研究较多[5-7]，但是都没有进行与压井作业压力系统联合分析的研究工作。为此，结合新型无固相高密度压井液滤失量特征和压井的动态压力过程综合分析，研究了一种基于常规压井作业的优化设计方法，并通过计算得到井口可控的最优参数组合，指导现场根据实时监测数据进行及时调整，操作性强，配合作业降低了 CO_2 驱注采井压井作业成本。

1 无固相高密度压井液滤失量计算

压井液的滤失阶段有3个，即：瞬时滤失阶段、静滤失阶段和动滤失阶段。

（1）初始阶段压井液向地层渗入，形成滤饼的短暂过程为瞬时滤失阶段。

（2）停注时的静止状态滤饼不断增厚，为静滤失阶段。

（3）在循环流动的动态过程中，滤饼的增长受到冲蚀作用的限制，当滤饼的增厚速度等于冲蚀作用的速率，即滤饼达到一个动态平衡，不再增厚，此时为动滤失阶段。

瞬时滤失阶段主要在起停泵过程中（图1），时间很短，一般占总滤失量的比例不大，但对于固相含量低、分散和水化很好的无固相压井液，瞬时滤失量占的比例则较大。CO_2 驱注采井井底压力较大，压井作业时采用的压井液为无固相高密度压井液，现场显示启停泵对滤失影响较大，故瞬时滤失量所占比例较大，以现场利用回收液面高度进行估测，在起泵2h的循环过程中，瞬时滤失量约占到总滤失量的1/8~1/5。

作者简介：刘珂君，1984年生，女，工程师，现主要从事油气田开发、提高采收率、油田化学驱数值模拟方面的研究工作。

邮箱：kejun2255@126.com。

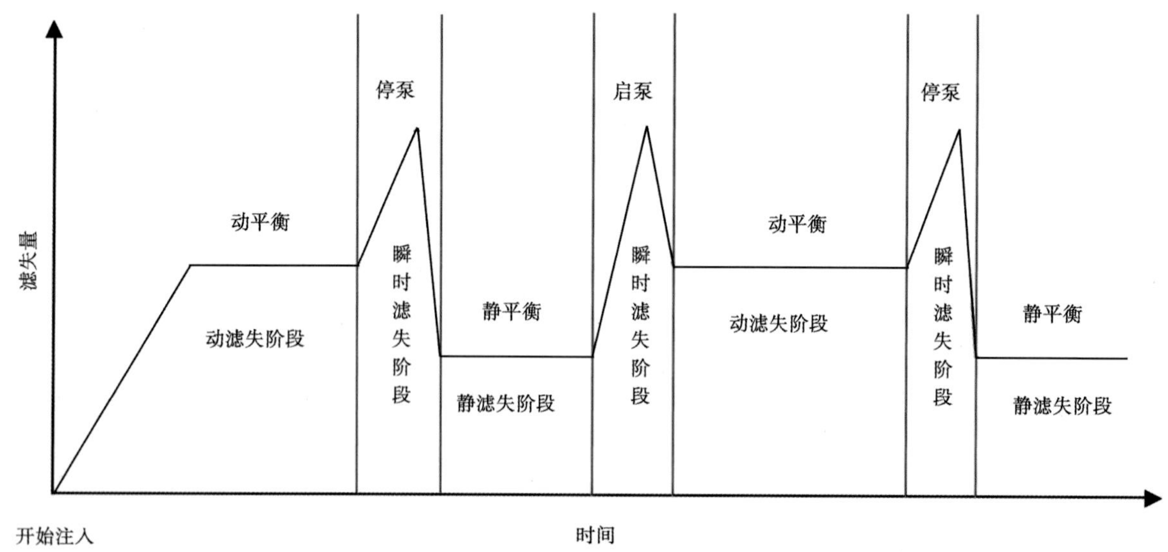

图1　起停泵中的滤失过程示意图

考虑作业全过程中压井作业是一个完整的连续循环，不存在长时间静置和关停，因此仅考虑动平衡状态的动滤失量[8-11]，其计算公式为：

$$V_f = \frac{KA\Delta pt}{\mu_{滤液} h_{mc}} \tag{1}$$

式中　V_f——滤失量，m^3；

K——滤饼渗透率，mD；

A——滤失面积，cm^2；

Δp——滤失压差，MPa；

t——滤失时间，s；

$\mu_{滤液}$——滤液黏度，mPa·s；

h_{mc}——滤饼厚度，m。

2 CO_2 驱注采井压井系统优化设计原则

利用泵注流程进行压井系统优化设计的思路是选取压井过程中的关键参数。整个压井过程希望通过注入流量和注入压力的控制达到压井作业经济效益最优，考虑压井作业过程中无固相高密度压井液的成本最高；因此滤失量是反映压井经济性能最直接的指标，滤失量最小，则目标函数的经济效益最优。CO_2 驱注采井压井系统优化设计包括如下主要原则。

首先符合压井的安全工作条件，即压井压力必须满足要求，由压井压力确定压井液密度。

其次符合泵的工作条件，在泵的最小工作压力到最大工作压力范围内，进行参数匹配及优化。泵压越大流速越大，压力平衡越快。但带来的问题是：流量大，摩擦阻力大，且同时与井底压力压差大，滤失量变大；因此泵压的限制条件是压差不能过大，而对压差的限制条件是滤失量，即：

$$\Delta p = (p_b + \rho_{压} gh - p_f) - p_0 \tag{2}$$

式中　Δp——最大压差，MPa；

p_b——泵注压力，MPa；

$\rho_{压}$——压井液密度，kg/m^3；

g——重力加速度，9.8N/kg；

h——厚度，m；

p_f——摩擦阻力产生的折算压力损失，MPa；

p_0——地层静压，MPa。

在满足压井安全及泵工作条件前提下使滤失量最小，目前只能计算动滤失部分，暂时按照动滤失量最小作为最优条件，则目标函数即为：

$$V_{f\min} \propto (p_b, Q, \rho_{压}) \tag{3}$$

式中　$V_{f\min}$——最小滤失量，m^3；

Q——压井时的泵注流量，m^3/s。

对于出口压力的控制方面，当压井液不能完全替换井筒内液体时，减小出口流量，使注入泵压升高至最合适的大小；当压差减小到接近地层压力时，打开出口阀门，降低泵压。

入口流量和出口流量需要进行较准确的计量，给定初始的泵注压力、注入速度、压井液密度和黏度，计算动滤失量，更改初始给定的值，进行迭代计算，直到找到最小值，优化设计流程如图 2 所示。

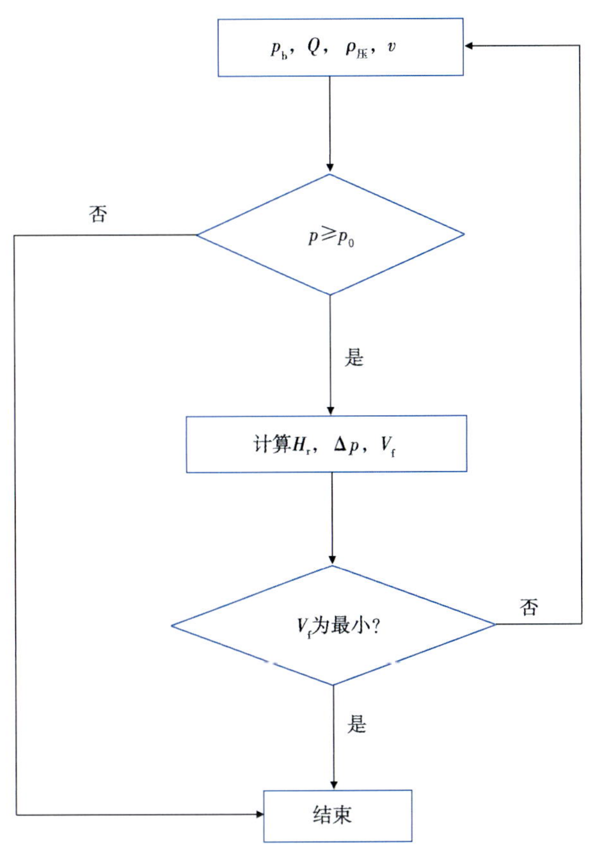

图 2　程序流程图

3 优化设计计算法编程实现步骤

3.1 计算机编程步骤

根据优化设计原则及流程图，其详细的计算机编程步骤如下。

（1）计算环形管流空间当量直径，公式为：

$$D = 4 \times \frac{\frac{1}{4} \times \pi(d_2^2 - d_1^2)}{\pi d_2 + \pi d_1} = (d_2 - d_1) \tag{4}$$

式中　D——环形管流空间当量直径，mm；

d_2——套管内径，mm；

d_1——油管外径，mm。

（2）计算管壁相对粗糙度，公式为：

$$\varepsilon = \frac{k'}{D} \tag{5}$$

式中　ε——管壁相对粗糙度；

k'——油管绝对粗糙度，取常数 0.014mm[12]。

（3）计算紊流系数，公式为：

$$\lambda = 0.11 \times \left(\frac{68}{\frac{4Q\rho}{\pi D \mu}} + \varepsilon \right)^{0.25} \tag{6}$$

式中　λ——紊流系数；

ρ——首次取水的密度，取值 1000kg/m^3，之后的迭代取压井液实际密度 ρ'；

μ——首次取水的黏度，取值 1.3mPa · s；之后的迭代取压井液的实际黏度 μ'，mPa · s。

（4）计算流速，公式为：

$$v = \frac{4Q}{\pi d_2} \tag{7}$$

式中　v——流速，m/s。

（5）计算紊流状态下考虑管壁粗糙程度影响时，摩擦带来的压头损失，公式为：

$$H_r = \lambda \frac{H}{D} \frac{v^2}{2g} = \frac{0.3164}{\left(\frac{Dv\rho}{\mu}\right)^{0.25}} \frac{H}{D} \frac{v^2}{(2g)} \tag{8}$$

式中　H_r——摩擦带来的压头损失，MPa；

H——油层中部深度，m。

（6）计算紊流状态下的油套环空部分的摩擦阻力产生的折算压力损失，公式为：

$$p_f = H_r \rho g \tag{9}$$

（7）根据地层静压及压井压力，重新计算压井液密度，公式为：

$$p = p_0 - p_f$$

$$\rho' = \frac{p}{gH} + \Delta\rho \tag{10}$$

式中　p——压井压力，MPa。

ρ'——迭代取压井液的实际密度，kg/m^3；

$\Delta\rho$——附加安全密度，取值 70~150kg/m^3。

令式（6）中的 $\rho = \rho'$，并测量压井液实际黏度 μ，重新计算式（3）至式（7）。

在注入过程中最大滤失压差为压井液到达井底时的压差，则最大压差为：

$$\Delta p = (p_b + \rho g H - p_f) - p_0 \tag{11}$$

计算最大压差下的动平衡时的滤失量 V_f，滤饼的渗透率[13]为下两个量级，即 $K=K_0\times10^{-2}$。

$$V_f=\frac{K\Delta pt}{\mu H} \tag{12}$$

式中 K——滤饼渗透率，mD；

K_0——地层平均渗透率，mD。

至此，即可得到不同条件下的 V_f 值，比较 V_f。在 V_f 最小时对注入参数 p_b、Q 取值，即为最优参数组合，同时密度也是最优值。

3.2 实例计算

2017 年 12 月在榆树林 CO_2 试验区进行了现场无固相高密度压井液压井试验，为了待压井成功后进行其他作业施工，需要对压井流量和泵注速度进行优化计算。

试验井 X 井基本参数：地层静压为 24MPa，地层平均渗透率为 2mD，则压井液滤失渗透率为 2mD，油层中部深度为 2147m。此次优化设计所选取的参数范围：泵注流量范围为 0.2~0.4m³/min，泵压范围为 4~10MPa，密度范围为 1.0~1.7g/cm³；通过枚举参数组合优化得到最优密度为 1.3g/cm³，通过计算机编程计算在此密度下的流速和滤失量结果如表 1 所示。由表可以看出，当每小时的滤失量最小为 0.43m³ 时，泵注流量为 0.3m³/min，泵压为 8MPa，即为最优参数组合。X 井现场尽量按照优化参数施工，共配合作业 7h，滤失量为 16m³，实际滤失速度为 2.29m³/h。

表 1 滤失量组合计算结果表（60min）

泵注流量（m³/min）	泵压（MPa）	滤失量（m³）	备注
0.20	5	6.01	
	6	6.96	
	7	7.91	
	8	8.86	
	9	9.80	
	10	10.75	

续表

流量（m³/min）	泵压（MPa）	滤失量（m³）	备注
0.25	5	2.88	
	6	3.83	
	7	4.78	
	8	5.72	
	9	6.67	
	10	7.62	
0.30	5	*	泵压过低
	6	*	泵压过低
	7	*	泵压过低
	8	0.43	最小值
	9	1.37	
	10	2.32	
0.35	5	*	泵压过低
	6	*	泵压过低
	7	*	泵压过低
	8	0.85	
	9	2.02	
	10	3.51	
0.40	5	*	泵压过低
	6	*	泵压过低
	7	*	泵压过低
	8	*	泵压过低
	9	3.04	
	10	6.38	

* 表示此流速下泵压过低，需提高泵压才能满足压井安全需要。

对比同区块 2015 年 10 月未进行优化的 Y 井（表 2），油层中部深度为 2000m，采用无固相高密度压井液密度为 1.37g/cm^3，注入速度为 0.2m^3/min，泵压为 4MPa，滤失速度为 5m^3/h，按照优化组合保持工艺明显滤失量降低。

表 2　同区块试验井优化数据对比表

分类	井号	油层中部深度（m）	泵注压力（MPa）	注入速度（m^3/min）	压井液密度	漏失速度（m^3/h）
未优化井	Y	2000	4	0.2	1.37	5.00
优化井	X	2147	8	0.3	1.30	2.29

4 结　论

（1）压井作业中的滤失阶段可进行量化计算的为动滤失阶段的滤失量，而由于压井液密度、黏度、注入流速及泵注压力均影响滤失量计算中的压差，随压井液密度、黏度、注入流速增大则摩擦阻力增大，同时随压井液密度增加，压井压力也增加，同向变化的结果通过迭代计算时将出现滤失量最小值，在给定范围内进行迭代，最终将得到密度、注入压力、注入速度的最优组值，可视作最优解。

（2）为了解决 CO_2 注采井压井作业压力高、无固相高密度压井液滤失的问题，分析了作业过程中压井液的滤失过程，将泵注过程中的参数控制和滤失量计算联动分析，建立了以滤失量最小为目标的优化设计方法，采用枚举参数组合进行优化，并给出了详细的计算机编程步骤，未来依赖高容量数据存储设备和精确的计量设备等，可统计分析实时压井监测曲线，进行机器学习算法智能优化和设计。

（3）以试验井 X 为例，按优化参数实际施工后，现场滤失速度为 2.29m^3/h，对比同区块试验井 Y，滤失速度为 5m^3/h，明显降低了滤失量，进一步降低了 CO_2 驱注采井压井作业成本，对压井方案设计及现场施工有重要指导意义。

（4）为了进一步降低成本，保护环境，CO_2 驱无固相高密度压井液将进行回收处理，循环利用，将进一步研究回收处理技术。

参考文献

[1] 张奎林．精细控压钻井井筒压力控制技术研究［D］．北京：中国地质大学（北京），2013.

[2] 白福明，王新河，潘林．压井工艺技术在高压油气比大修井中的应用［J］．新疆石油科技，2000，10（4）：13-14.

[3] 张平．气井不压井作业主要工程风险分析与对策研究［J］．石油钻采工艺，2018，41（4）：31-33.

[4] 张瑞霞，刘建新，王继飞，等．CO_2 驱免压井作业注气管柱研究及应用［J］．石油钻采工艺，2014，33（1）：78-80.

[5] 陈叙生，王勇，冯彬．适用于气藏的高温高密度低伤害无固相压井液的研究［J］．石油天然气学报，2014，36（7）：103-106.

[6] 王忠辉．高密度低伤害无固相压井液的研究与应用［J］．精细石油化工进展，2010，11（10）：14-18.

[7] 李萌．耐高温气井低伤害压井液体系研究［D］．大庆：东北石油大学，2011.

[8] 刘洪升，王俊英，郎学军，等．高温低伤害压裂液性能优化与应用［J］．钻井液与完井液，2001，18（6），23-26.

[9] 李晓维，胡国金，杜勋，等．新型无固相流体滤失体系研究［J］．内江科技，2016，37（9）：48-49.

[10]《石油天然气井下作业井控》编写组．石油天然气井下作业井控［M］．北京：石油工业出版社，2014：81-82.

[11] 李平．试井施工压力异常（漏失井及酸压井）分析及措施［J］．中国新技术新产品，2014（23）：104-104.

[12] 杨树人，汪志明，何光渝，等．工程流体力学［M］．北京：石油工业出版社，2006：100-101.

[13] 张洁，孙金声，杨枝，等．抗高温无固相钻井液研究［J］．石油钻采工艺，2011，33（4）：45-47.

抽油杆拉扭综合实验机研制与应用

马千惠

（大庆油田有限责任公司采油工程研究院）

摘　要：为进一步完善油田内各类抽油杆等产品拉力、扭矩以及拉扭综合性能的检测需求，研制了抽油杆拉扭综合实验机。拉扭综合实验机主要由机械部分、液压系统以及电气控制系统3部分组成；拉力为1000kN，扭矩为10000N·m，可检测长度在0.5~11m之间的抽油杆；并对油田中常用的不同直径、不同材质的抽油杆进行了拉力、扭矩以及拉扭综合实验。通过检测抽油杆的各项性能指标，证实被检测抽油杆均满足标准要求。拉扭综合实验机的研制为油田用抽油杆把好质量关提供了技术支持。

关键词：抽油杆；实验机；拉力实验；扭矩实验；拉扭综合实验

抽油杆是有杆抽油设备的重要部件，通过接箍可连接成抽油杆柱，上经光杆连接抽油机，下接抽油泵起传递动力的作用。抽油杆在井下使用时承受抽油杆自重、液柱重力等作用力，为了避免和减少抽油杆在井下断裂，下井前应对其拉力及抗拉强度进行检测[1-4]。实验室现有的检测系统需提前对抽油杆进行加工，只能检测抽油杆短样（抽油杆长度小于1.5m），不能真实反映抽油杆的扭矩值，且不能进行整根抽油杆（抽油杆长度为9.14m）的抗拉强度、扭矩及拉扭综合性能检测。因此，研制了抽油杆的拉扭综合实验装置并用该装置对不同直径的抽油杆进行实验。

1 结构组成

拉扭综合实验机主要由机械部分、液压系统和电气控制系统组成。

1.1 机械部分

拉扭综合实验机机械部分主要包括液压发动机、主钳、机身、扭力释放装置、过渡杆、拉力油缸，结构示意图如图1所示。扭矩传感器在主钳内部，并与输入轴和液压发动机连接，传递扭矩的同时检测扭矩。扭力释放装置可以根据检测工件的长度在机身上行走到任意位置。拉力油缸

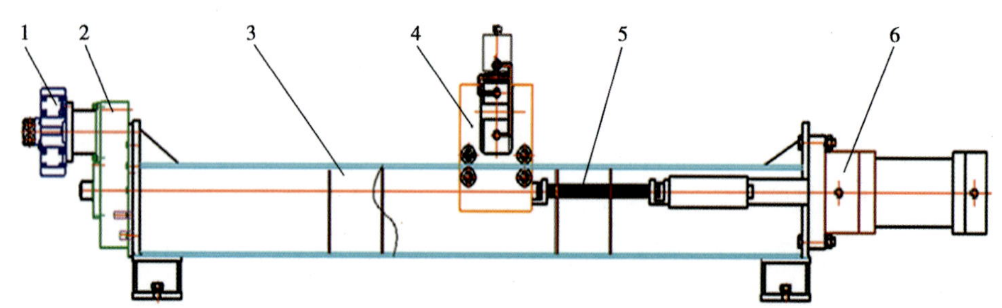

图1　拉扭综合实验机机械部分结构示意图

1—液压发动机；2—主钳；3—机身；4—扭力释放装置；5—过渡杆；6—拉力油缸

作者简介：马千惠，1989年生，女，工程师，现主要从事采油用产品质量监督检验工作。

邮箱：maqianhui223@petrochina.com.cn。

与拉力传感器相连，油缸前后移动速度可以通过液压系统的节流阀调节。拉扭综合实验机配备了 5 种不同长度的过渡杆，经过组合可以满足 0.5～11m 之间不同抽油杆长度要求的检测需求。

1.2 液压系统

液压系统主要由油箱、泵站、调压阀块、节流阀、控制阀块等组成。液压系统压力控制采用 EBG 型电液比例溢流阀，由小型比例溢流阀作为先导级溢流阀的主阀所构成。可按输入电流的大小成比例地控制液压系统压力。拉伸和扭转的每个回路都设有单向阀，具备自锁功能，防止设备突然反向运行的意外发生。

1.3 电气控制系统

电气控制系统主要包括液压站控制柜、拉力传感器、扭矩传感器、远程遥控器等。拉扭综合实验机采用液压驱动，扭矩执行元件为液压发动机，拉伸执行元件为液压油缸，拉伸、扭转数值依靠对应的传感器进行测量。可通过操作台上的操作板或远程遥控器进行拉力和扭矩的起停和调整。

1.4 系统操作

以拉扭综合实验为例，首先将被测样品插入一端主钳万能卡具中，安装后拧紧卡具锁紧螺母。点动液压油缸使扭力释放装置小车向前移动，将样品另一侧放入万能卡具中，拧紧卡具锁紧螺母。扣上设备安全罩，并关闭扭力释放装置高压球阀，检查各连接部件连接可靠后进入控制室操作，在操作界面进行数值设定后点击实验开始按钮，设备按照检测扭矩值、拉力值自动运行并保持一段时间，得出实验数据，点击实验停止按钮自动回到初始状态。

2 技术指标

拉扭综合实验机的技术指标如下：（1）拉力范围为 0～1000kN，精度为±1%；（2）扭矩范围为 0～10000N · m，精度为±1%；（3）试样长度为 0.5～11m；试样直径为 15～150mm；（4）拉力行程为 0～200mm；工作方式为单拉伸、单扭转及拉伸扭转同时实验。

3 室内实验

对拉扭综合实验机进行如下实验。

3.1 扭矩实验

对油田常用的直径 22mm、25mm、29mm HY 级整根螺杆泵专用抽油杆进行扭矩实验，实验数据如表 1 所示。根据标准 SY/T 7013—2014《驱动螺杆泵专用抽油杆》中抗扭性能的规定，表 1 中所检测不同直径的螺杆泵专用抽油杆扭矩值均符合标准要求。

表 1　螺杆泵专用抽油杆扭矩检测结果表

序号	规格	扭矩（N · m）
1	LCYG22HY	1840
2	LCYG22HY	1956
3	LCYG22HY	2405
4	LCYG25HY	2309
5	LCYG25HY	2667
6	LCYG25HY	3054
7	LCYG29HY	3396
8	LCYG29HY	4658
9	LCYG29HY	5383

3.2 拉力实验

对油田常用的直径 22mm、25mm、29mm HY 级整根普通抽油杆进行拉力实验，实验数据如表 2 所示。根据标准 SY/T 5029—2013《抽油杆》，HY 级普通抽油杆的抗拉强度为 965～1195MPa，根据抗拉强度等于拉力除以截面积，可以得出直径 22mm、25mm、29mm 的 HY 级普通抽油杆可以承受的拉力分别应该为 361～472kN、471～616kN、597～780kN。由表 2 检测结果可知，进行实验的普通抽油杆全部符合标准要求。

表 2　普通抽油杆拉力检测结果表

序号	规格	拉力（kN）
1	CYG22HY	375
2	CYG22HY	396
3	CYG22HY	402
4	CYG25HY	508
5	CYG25HY	530
6	CYG25HY	571
7	CYG29HY	672
8	CYG29HY	706
9	CYG29HY	728

3.3 拉扭综合实验

根据螺杆泵专用抽油杆的真实受力情况[5-6]，对其承受的拉力进行分析计算。已知螺杆泵专用抽油杆密度$\rho_{杆}$为 7.85g/m^3，油管内液体密度$\rho_{液}$为 1×10^{3}kg/m^3，油管内径为 70mm[7]，假设螺杆泵专用抽油杆长度为 1000m，以直径为 22mm 的实心螺杆泵专用抽油杆为例，取直径为 22.23mm，计算过程如下。

$$\begin{aligned} F &= G_{杆} + G_{液} \\ &= m_{杆} g + m_{液} g \\ &= \rho_{杆} v_{杆} g + \rho_{液} v_{液} g \end{aligned} \tag{1}$$

式中　F——总受力，N；

$G_{杆}$、$G_{液}$——螺杆泵专用抽油杆自重、油管内液体自重，N；

$m_{杆}$、$m_{液}$——螺杆泵专用抽油杆质量、油管内液体质量，kg；

$v_{杆}$、$v_{液}$——螺杆泵专用抽油杆体积、油管内液体体积，m^3；

g——重力加速度，取 9.8N/kg。

根据标准 GB/T 50300—2013《建筑工程施工质量验收统一标准》中规定考虑最大偏差值不得超过规范允许偏差值的极限指标，一般为 1.5 倍。所以进行螺杆泵专用抽油杆拉扭综合性能检测时最终受力为总受力的 1.5 倍。

由上述计算方法算出直径为 22mm、25mm、29mm、32mm 实心螺杆泵专用抽油杆及直径为 32mm、34mm、36mm、38mm、42mm 空心螺杆泵专用抽油杆的最终受力分别为 96kN、108kN、121kN、136kN、70kN、79kN、80kN、81kN、82kN。

利用拉扭综合实验机对螺杆泵专用抽油杆在保持一定拉力前提下的抗扭性能指标进行了实验，实验数据如表 3 所示。由表可以看出，该实验机的量程及工作方式可以满足整根螺杆泵专用抽油杆实际应用中的拉力、扭矩及拉扭综合性能检测，保证了检测的真实性和准确性。

表 3　螺杆泵专用抽油杆抗扭性能指标检测结果表

序号	规格	扭矩（N·m）	拉力（kN）
1	LCYG22D	1116	96
2	LCYG22HL	1359	96
3	LCYG22HY	1956	96
4	LCYG25D	1588	108
5	LCYG25HL	1894	108
6	LCYG25HY	2352	108
7	LCYG29D	2457	121
8	LCYG29HL	3031	121
9	LCYG29HY	3274	121
10	LCYG32D	3295	136
11	LCYG32HL	4123	136
12	LCYG32HY	4443	136
13	LKG32D	3002	70
14	LKG34D	3362	79
15	LKG36D	3745	80
16	LKG38D	4020	81
17	LKG42D	5021	82

4 结　论

（1）抽油杆拉扭综合实验机机身整体框架结构具有足够的强度和刚性，采用液压控制，实现了柔性拉伸和扭转，并在机身上方设置了安全防护罩，起到保护作用。

（2）抽油杆拉扭综合实验机可以满足长度在 0.5~11m 之间的抽油杆等样品的拉力、扭矩及综合性能检测的要求，实验数据真实准确，为油田抽油杆产品的性能分析提供了有力保障。

（3）下一步将优化距离调节方式，实现连杆的自动伸缩，减少检测人员的劳动量，从而实现智能化检测。

参考文献

［1］ 杨野，王凤山．采油设备、井下工具及油田化学剂检验技术手册［M］. 北京：石油工业出版社，2013.

［2］ 郑贵，孙良伟．抽油杆（H 级）抗拉强度测量结果不确定度的评定［J］. 石油工业技术监督，2008，24（5）：44-45，56.

［3］ 魏金辉，王秀斌，徐长虹．超长冲程新型节能举升采油技术优势探讨［G］//大庆油田有限责任公司采油工程研究院．采油工程文集 2017 年第 4 辑．北京：石油工业出版社，2017：67-70.

［4］ 吴则中，李景文，赵学胜，等．抽油杆［M］. 北京：石油工业出版社，1994：502-505.

［5］ 李淑红，付军梅，金力杨．螺杆泵抽油杆柱的动态受力分析与工艺设计［J］. 钻采工艺，2003，26（2）：61-64.

［6］ 韩东．螺杆泵抽油杆柱的动态受力分析综述［D］. 西安：西安石油大学，2014.

［7］ 孔立宏．连续油管压裂管柱机械定位摩擦体数值模拟研究［G］//大庆油田有限责任公司采油工程研究院．采油工程文集 2017 年第 1 辑．北京：石油工业出版社，2017：28-31.

间抽技术在海拉尔油田采油工程方案中的应用

刘　宝

（大庆油田有限责任公司采油工程研究院）

摘　要：针对海拉尔油田低渗透区块在投产后出现产液量下降快、供液不足、低产低效的情况，开展了间抽技术在采油工程中的应用研究。通过调研油田现有间抽方式，分析其特点及存在问题，同时结合低渗透储层生产井压裂投产后产量变化规律，以及在贝 70 区块等 5 个区块进行对比试验，在采油工程方案设计中优选出不停机间抽衡功率配电柜。现场应用表明，应用该设备的 56 口井系统效率提高 3 个百分点，泵效提高 11.9 个百分点。该设备的选用能够改善供排关系，实现油田的高效生产，满足产量下降后间抽制度的执行，对于今后同类区块间抽方式的选用具有一定指导意义。

关键词：间抽；低渗油田；供液不足；节能；高效开发

海拉尔油田开发目的层位主要为南屯组及铜钵庙组，薄差层多、含油饱和度低，储层物性差，注水受效差，部分采油井投产后产液量低、产量下降快，出现间歇出油、供液不足的问题。该部分井如果采取全天开采的管理方式，势必造成能耗的浪费，而且供液不足易导致泵况问题井的增多，严重影响系统效率及检泵率。针对此类井，采取合理的间抽方式及间抽制度是平衡供排关系、保证高效开发的有效手段。因此进行了间抽技术在海拉尔油田采油工程方案中的应用研究。

1 间抽依据及优势

间抽是指针对低产低效井通过人为干预或电气控制系统预先设置，调整泵筒有效抽汲时间的一种管理方式。在采油井生产过程中，供油半径内形成“压降漏斗”（图 1），井筒内液面下降，关井后经过一段时间，液面和地层压力逐渐恢复，通过制订合理间抽制度，使井底液压和液面保持在合理区间，既能在保证产量的基础上减少电能及设备损耗，又能避免泵“干抽”现象的出现，减少泵况问题的发生[1-2]。

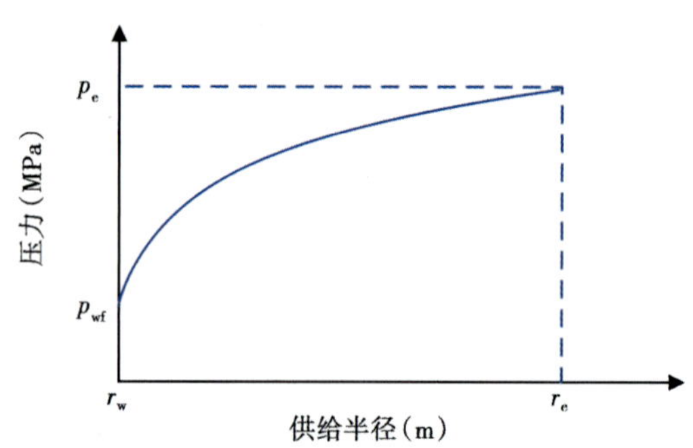

图 1　平面径向流压力分布曲线“压降漏斗”图

p_e—供给压力；p_{wf}—井底流压；r_w—采油井半径；r_e—供给半径

2 间抽井选取

针对储层物性偏差的井，由于渗透率低，与注水井连通不好，无法保证地层能量有效补充。通过示功图显示采油井长期处于供液不足的情况（图 2），且在现有设备条件下，无法通过进一步下调参保证供排平衡，此类井即可以采取间抽方式，依照合理间抽制度，保证液面处于合理水平（图 3）。

作者简介：刘　宝，1989 年生，男，助理工程师，现主要从事采油工程方案设计工作。

邮箱：liubao2@ petrochina. com. cn。

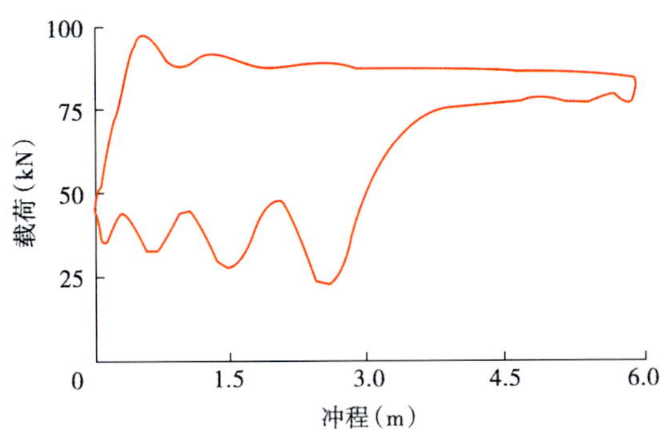

图 2　供液不足示功图

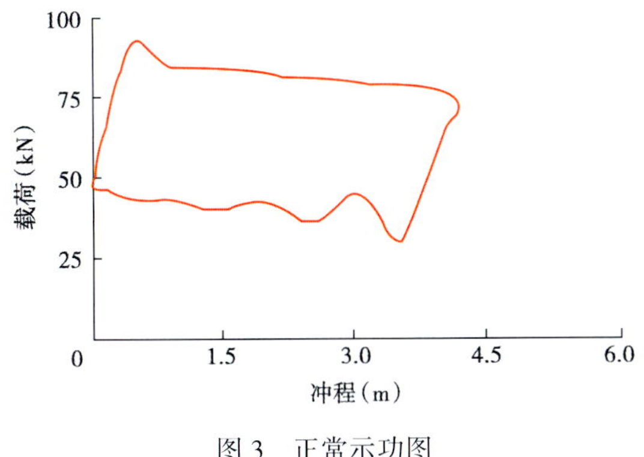

图 3　正常示功图

以海拉尔油田乌尔逊区块为例，该区块具有低渗透率、低丰度、低产量的特点，投产一段时间后，出现采油井低产、注水井低注的现象。当部分井出现间歇出油、供液不足时，下调参效果不明显，即是适宜采取间抽管理的节点。实际操作时，通过监测停机液面恢复曲线并结合合理流压来确定启停时间，但是地下供排关系不是一直固定不变，因此该方法在实际操作中应该随着开发的进行定期测试，并随之调整间抽时段安排。

以乌 112-92 井为例，该井泵深为 2514m，含水率为 24.5%，关井后沉没度增加，液面逐渐恢复，且恢复速度逐渐放缓。分析原因认为，随着液面恢复，生产压差减少，地层供液能力降低所致。结合量油、开关井沉没度变化情况（图 4）及系统效率监测数据（表 1）可以看出，该井最佳启停机时间为 71.5h 和 11.5h，生产制度为关井 60h、生产 8h。

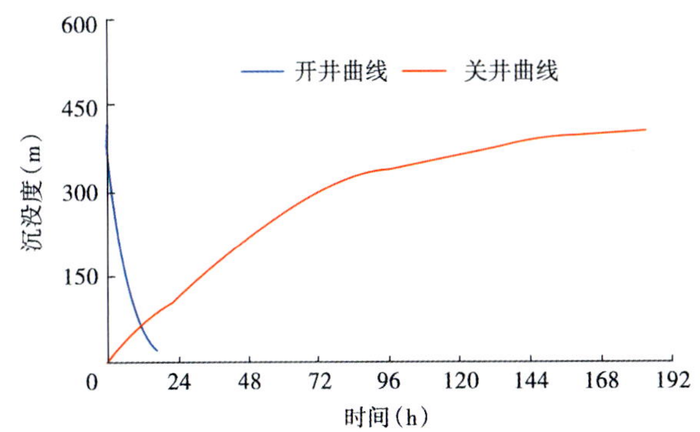

图 4　乌 112-92 井开关井沉没度变化曲线图

现场将试验区块 24 口井转为间抽方式开采，调整后日产液量均在 28.8t 左右，单井日耗电量由 134 kW·h 降至 51kW·h，日均节电 83kW·h/口，节能效果明显。同时，采用间抽方式开采，该区降低了低产井泵况发生情况，实现每年少检泵 2 井次[3]。

表 1　乌 112-92 井不同沉没度下产液量及系统效率统计表

沉没度（m）	日产液量（t）	有功功率（kW）	有效功率（kW）	吨液百米单井耗电量（kW·h）	系统效率（%）
292.79	1.1	4.902	0.25	5.38	5.14
155.69	1.1	4.898	0.25	5.07	5.05
112.59	1.1	4.918	0.24	4.99	4.94
69.49	1.0	4.912	0.23	5.39	4.62
26.89	0.7	4.517	0.17	6.96	3.76

3 现有间抽方式

3.1 人工间抽

通过现场工人巡井取样，发现采油井不产液后，停机恢复液面，若干小时后启机恢复生产。该方式无须采购额外设备，经济性好；但极大依赖于工人责任心，且无法准确判断井下处于泵筒干磨或是有效抽汲情况，因此该方式科学性不强、随机性高。在邻近油水井待作业或作业期间，由于注水量下调，会导致采油井临时性供液不足，可暂时实行人工间抽，保证抽油泵合理工作。

3.2 固定时间间抽

通过制订间抽井管理制度，由工人在规定时间段内操作抽油机正常生产或停机恢复液面。该方式优点在于明确了间抽时间，便于执行。但由于各井井况不同，无法完全统一成一套时间设置；另外海拉尔油田幅员面积较广，依靠人工现场启停机，执行难度较大。因此，只有对于量油资料完善且准确，集中在井站周围便于工人操作的井，可选择此方式。

3.3 智能间抽设备

在掌握各井供排平衡能力的前提下，通过安装具有间抽功能的电控柜，设定固定时段内抽油机自行启停抽，实现智能间抽功能。该方式能够针对单井个性化设置启停时段，且不增加工人劳动强度，操作方便，技术先进。对于井分布范围较大，不方便人工启停操作的井，可选择此方式，并可在不增加工人劳动量的情况下，保证采油井在合理参数下开采。

3.4 存在问题

无论何种间抽方式，其执行过程最大的难题首先是间抽开关井时段的确定，此依托于对井下供排关系的准确判断。而当前无论是依据量油取样结果亦或是液面恢复曲线法，均存在时效性，即仅能代表测量时段内的水平，具有一定局限性。第二个难题是执行难，若依托于人工操作，则对于基层站队管理水平的要求较高。

从当前间抽技术调研来看，智能间抽设备大大减小了对工人现场操作的依赖，解放了生产力，技术较为先进，但电子元件在现场恶劣条件的适应性成了新的挑战。如果能够大幅提升电控设备的可靠性，甚至给智能间抽设备增加自动测试、判断井下供排关系并随之调整的功能，将大大提升间抽井管理水平。

4 实例设计

4.1 产液量预测

在海拉尔油田贝70区块等5个区块共选取50口采油井进行实例设计，开发目的层位为铜钵庙组和南二段，是低孔低渗甚至特低渗储层，压裂投产44口井，预测正常的日产液量为2.8~3.9t，方案设计选用的抽油机以10型机、泵径32mm、电动机功率37kW为主。

根据低渗储层采油井试油试采经验，以X1井为例（图5），压裂投产的井初期产液量较高，投产一段时间内产液量迅速下降，下降幅度大，需要多次下调参。若无其他有效增产增注措施，采油井将出现供液能力不足，并以较低产液量维持生产[4-5]。

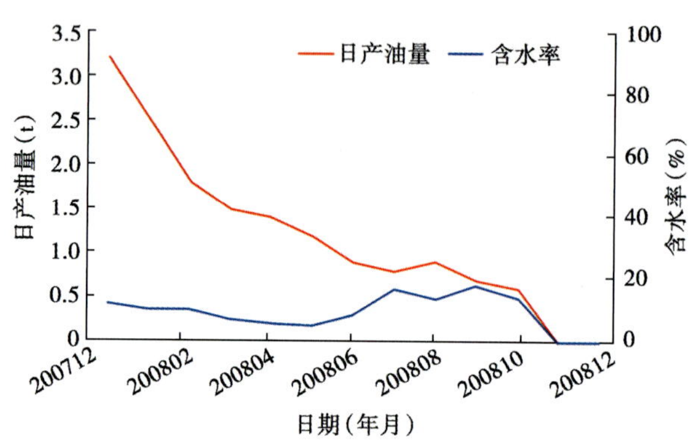

图5　X1井月度生产曲线图

以贝70区块为例，设计6口采油井，全部压裂投产。以B1井为例（图6），投产初期平均日产液量为10.94t，一年内产量下降幅度较大，需多次调参；后期根据产能预测，平均日产液量维持在较低幅度（2.8~3.4t），需要采取间抽以达到节能降耗的目的。

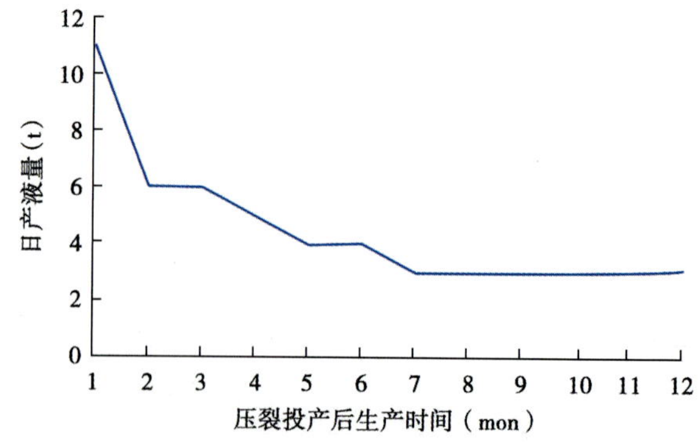

图6　B1井压裂投产产液量模拟预测图

4.2 基本原理及应用效果

不停机间抽衡功率配电柜是一种具有间抽功

能的智能间抽设备，其主要是针对低产井。在停抽阶段采用变频控制，曲柄低能耗小幅度摆动，摆动时抽油杆柱运动控制在弹性变形范围内，井下泵的柱塞保持不动，抽油杆柱在井筒中扰动井液，防止冻井口和井筒结蜡。到设定时间间隔，电动机自动柔性启动，抽油机连续运行抽油，抽油时井下动液面基本稳定、地面抽汲参数合理匹配，实现高效运行[6-7]。

截至 2018 年 3 月，大庆油田有限责任公司第九采油厂应用不停机间抽衡功率配电柜 130 口井。针对其中 56 口井开展评价（表 2），与常规间抽相比，节电率为 36.7%，系统效率提高 3 个百分点，泵效提高 11.9 个百分点。

表 2　不停机间抽井与常规间抽井对比表

运行方式	工作制度	平均单井日产液量 (t)	平均单井日耗电量 (kW·h)	平均单井单井年节电量 (kW·h)	平均单井泵效 (%)
常规间抽	开井 12.6h	1.87	72.7	9258	20.2
	关井 11.4h				
不停机间抽	运行 8min	1.97	46.0		32.1
	摆动 22min				
差　值		0.10	-26.7		11.9

4.3 设计结果

根据海拉尔油田贝 70 区块等 5 个区块的产液量预测，为保证今后采油井供排平衡，需设计选用具有间抽功能的配电柜。结合不停机间抽衡功率配电柜在大庆油田应用效果，认为可以选用该配电柜实现高效开发，具体何时转为间抽生产及间抽时段应根据实际开发进程加以确定。

5 结　论

（1）针对低产低效、供排关系不平衡的井，可通过合理间抽制度减少抽油泵低效运行，消除供液不足带来的液击及干磨问题，实现节能降耗，提高系统效率。

（2）不停机间抽衡功率配电柜能够实现智能间抽，操作方便，技术先进，能够满足生产一线对于间抽控制设备功能的要求。

（3）在新区方案设计时，若预测后期有间抽需求，可在方案设计阶段设计具有间抽功能的变频控制柜，然后根据开发进程实际情况执行间抽。

参考文献

[1] 于庆伟．低效井合理间抽制度的确定方法及应用［J］．内蒙古石油化工，2014（6）：132-136.

[2] 田丽平．抽油机井间抽自动控制技术［J］．油气田地面工程，2013，32（10）：103-104.

[3] 王传玉．乌尔逊油田低产井出液规律及间抽制度的研究［J］．石油石化节能，2016，6（8）：15-17.

[4] 张浩，顾明勇，李永环，等．大庆油田特低渗透油藏水平井体积压裂产能预测方法［G］//大庆油田有限责任公司采油工程研究院．采油工程文集 2015 年第 3 辑．北京：石油工业出版社，2015：8-13.

[5] 杨斯超．致密油水平井区块产能评价方法探讨［G］//大庆油田有限责任公司采油工程研究院．采油工程文集 2016 年第 2 辑．北京：石油工业出版社，2016：78-81.

[6] 巩宏亮，戚兴，常瑞清，等．抽油机不停机间歇采油技术研究与应用［J］．石油石化节能，2017，7（10）：3-6.

[7] 刘涛，张岩，辛宏，等．低液量油井不停机间抽优化技术现场试验［J］．石油石化节能，2018，8（1）：1-3.

ABSTRACT

Multi-stage subdivision water injection technology in Daqing Oilfield

Wang Fengshan, Wang Qunyi, Liu Chongjiang, Zhu Zhenkun, Zhang Jiyang

Production Technology Institute of Daqing Oilfield Limited Company

Abstract: Due to the requirement of "fine water injection" in the later stage of development of Daqing Oilfield and in order to solve the difficulties of fine subdivision for small interlayers and small spans as well as of high-efficient testing and adjustment for subdivision wells with more than 7 layers, the multi-stage subdivision water injection & high-efficient testing and adjustment technology was researched. Through the development of forward and reverse bridge-type eccentric water injection mandrel and integrated bridge-type eccentric water injection packer, the isolation and sealing for intervals with small spans below 1 m have been realized. Long rubber packing element and dual rubber sleeve packers can meet the development requirement for intervals with 0. 5 m small interlayers. The packers can be released by the cable step by step, and the pipe has less than 30 tons load on the ground in the wells with more than 7 intervals. High-efficient separate layer testing and adjustment can be achieved to shorten the period of testing and adjustment effectively through running the intelligent downhole testing and adjustment instrument. Multi-stage subdivision water injection technology will provide online data support for oil reservoir dynamic analyses, adjustment between injection-production relationship, and technical support for numerical, intelligent and smart oilfield construction.

Key Words: stable production in Daqing Oilfield; subdivision water injection; release step by step; high-efficient testing and adjustment; intelligent water injection

Discussion on driving mode of tapered expansion joint

Wang Liyang

Production Technology Institute of Daqing Oilfield Limited Company

Abstract: In order to solve the driving problem of tapered expansion joint, the different driving modes of two types of tapered expansion joints, top-down and bottom-up, were discussed and studied. The following modes are adopted respectively in the laboratory experiments. The first mode is that power cylinder provides the power required by the tapered expansion joint to change its diameter, and the reversing valve changes the flow direction of liquid through the change of pressure so that power cylinder generates reciprocating motion to drive the tapered expansion joint to change its diameter. The second mode is to use external force to pull up the expansion joint when tapered expansion joint is obstructed and needed to reduce diameter. After the tapered expansion joint passing through the obstructed section, it is driven by the power system to restore its maximum outer diameter. By comparing and analyzing the experimental data, the advantages and disadvantages of the two modes have been obtained. It is suggested that mechanical pull-up type changing the diameter of expansion joint is more controllable. The conclusion has certain guiding significance for the research of tapered expansion joint.

Key Words: tapered expansion joint; taper; expansion pipe; reinforcement; screen pipe completion

Research status and development trend of soluble bridge plug tools

Sun Jiang, Lin Zhongchao, Li Qingzhong, Zhao Lichuan, Yao Fei

Production Technology Institute of Daqing Oilfield Limited Company

Abstract: At present, the soluble bridge plugs developed in China have some problems, such as large tool volume, long dissolution duration, sealing elements insoluble or difficult to drainage after degradation, and etc. The current development status of soluble bridge plug tools at home and abroad was studied in order to provide reference for the domestic structure design on the new type of soluble bridge plugs in the future. The structural characteristics and materials of various soluble bridge plug tools at home and abroad are analyzed in detail, and the development trend for soluble bridge plug tools structure in the future is predicted on the basis of change of structural forms of foreign soluble bridge plugs. The results show that the materials used for soluble bridge plugs at home and abroad are basically the same, which are aluminum-based or magnesium-based soluble alloy materials. The structure of soluble bridge plug tools is currently developed towards the similar form of ball seat, which is featured as a small and short structure, less dissolved residues, easy for drainage as well as small size of rubber in sealing elements. The rubber sealing elements were even eliminated and replaced by all-metal seals in some extreme structural design. These new structures can provide reference for domestic research and development of new type soluble bridge plug tools in the future.

Key Words: soluble bridge plug; sealing element; structural design; soluble alloy; ball seat; metal seal

Evaluation and application of ultra-light & low-density proppant in tight gas reservoirs

Qi Shilong[1], Qu Baolong[1], zhao Dezhao[1], Zhang Yibo[1], Liu Hongbo[2]

1. *Research Institute of Oil Recovery Engineering of Daqing Oilfield Co., Ltd.*;

2. *Downhole Operation Subsidiary of Daqing Oilfield Co., Ltd.*

Abstract: In view of the fact that conventional proppantcan not realize micro-fracture stimulation in volume fracturing of tight gas reservoirs, the research on micro-fracture propping by using the ultra-light and low-density proppant is carried out comparative analyses were carried out for experimental data between the ultra-light and low-density proppant and the conventional proppant basing on indoor evaluating experiments, sedimentation rate experiments and conductivity experiments on ultra-light and low-density proppant. The results indicatethat the ultra-light and low-density proppant has unique performance advantages in the stimulation of micro-fracture system of tight gas reservoir, that is, the ultra-light and low-density proppant can be easily laid in micro-fractures which has high conductivity in the reservoirs with high temperature and great closure pressure. Field application shows that the production of horizontal well A in tight gas reservoir with ultra-light and low-density proppant is 20% higher than that of the comparative well with conventional proppant. It can be concluded that the ultra-light and low-density proppant can meet the stimulation requirement, which provides a more diversified and effective alternative for fracturing the tight gas reservoir.

Key Words: tight gas reservoir; ultra-light and low-density proppant; volume fracturing; micro fracture propping; conductivity

Optimization design for fractures parameter in volume fracturing of tight reservoirs based on Dendroid complicated fracture network

Lv Deqing

Exploration Department of Daqing Oilfield Co., Ltd.

Abstract: The research of dendroid complicated fracture network was carried out in order to solve the problems of building the relatively ideal fracture network modeling during optimization design of the volume fracturing for horizontal wells. Optimization design and weight analysis of fracture density, fracture half-length and fracture conductivity were carried out through establishing the finite element equation of oil-water two-phase seepage and complicated dendroid fracture network model applicable for tight reservoirs. It is determined through comparative analyses that the optimum fracture density is 13 pcs/1000m; optimum fracture half-length is 190 m; and optimum fracture conductivity is 27 D · cm, among which the fracture length has the largest impact on the oil production while the fracture conductivity has the smallest impact. It will provide certain guiding significance for volume fracturing operation design through the establishment of real fracture network pattern by volume fracturing and optimization design of fracture parameters with reservoir engineering and numerical simulation technology.

Key Words: tight reservoir; volume fracturing; fracture parameters; complicated fracture network; optimization design

Research and application of improving the ratio of fracturing volume stimulation in tertiary reservoirs

Sun Chuanwei

No. 4 Oil Production Company of Daqing Oilfield Limited Company

Abstract: Most of reserves in tertiary oil reservoirs of block A have not been exploited, which are poorly developed with poor connectivity and disperse distribution of remaining oil. Because the effect of conventional fracturing stimulation is not favorable, the research of improving the ratio of fracturing volume stimulation has been carried out. The development degree of tertiary oil reservoirs have been increased through subdividing fractured intervals vertically, optimizing the fracture penetration ratio horizontally, and corresponding the exploitation methods for well groups in three-dimension. The field application of 41 wells has realized the favorable effect of 48. 5 t daily liquid increment and 7.5 t daily oil increment in the initial stage, and a cumulative oil increment of over 2000 t per well. The research provides technical supports for the effective development of tertiary oil reservoirs.

Key Words: tertiary oil reservoir; fracturing; ratio of volume stimulation; corresponding exploitation; effective development

Comparative analysis of influence of viscosity retention rate in strong or weak base ASP solution on oil flooding effect and injection pressure

Li Ya

Exploration and Development Institute of Daqing Oilfield Limited Company

Abstract: In order to study the influence of the change of solution viscosity retention rate on oil flooding effect and injection pressure of weak base ASP solution, comparative analysis of influence of viscosity retention rate in strong or weak base ASP solution on oil flooding effect and injection pressure has been carried out. The shear strength of strong or weak base ASP solution at various solution viscosity, the oil flooding effect of artificial cores with different permeability and injection pressure were compared and analyzed through core flooding tests in laboratory. The results show that with the decrease of viscosity retention rate, the oil flooding effect and maximum injection pressure of weak base ASP solution are declined, but they are always higher than those of strong base ASP solution. When the viscosity retention rate is above 65%, the oil flooding effect in cores with the middle or high permeability and maximum injection pressure for strong or weak ASP solution are basically same. The experimental results provide the theoretical guidance for the application of quality separation technology in weak base ASP solution flooding.

Key Words: ASP solution; weak base; viscosity retention rate; flooding effect; injection pressure

Application of downhole oil-water separation technology for injection-production in the same well with high water cut and high production liquid

Zhou Guangling

Production Technology Institute of Daqing Oilfield Limited Company

Abstract: As for the high water cut and high production liquid wells with daily liquid production of more than 80 t in Daqing Oilfield, the downhole oil-water separation technology for injection-production in the same well has been developed, so as to reduce the surface ineffective water circulation and lower the water cut in the production liquid of producers. The downhole screw pump for production and pump unit for injection are two sets of operation systems. The displacement is adjusted independently, which guarantees the efficient separation of technical system and flexible production system. The downhole monitoring devices and remote monitoring technology are matched together to realize the real-time monitoring and timely adjustment for operation status and parameters of injection-production. Field test results showed that the average daily liquid production of three test wells decreased by 74. 05%; average water cut decreased by 4. 1%; average repair-free period reached 620 days; and the annual surface water treatment volume was saved by 10.7×10^4 t after taking measures. Good test results and economic benefits have been achieved. Downhole oil-water separation technology for injection-production in the same well has a good effect of stabilizing oil and controlling water in high water cut and high production liquid wells, which provides a new idea for the economic exploitation of high water cut and high production liquid wells in oilfields with wide application value.

Key Words: high water cut and high production liquid well; downhole oil-water separation; water cut; downhole monitoring device; remote control technology

Application of casing scale removal technology by high-pressure water jet in strong-based ASP flooding producers

Zhao Xingshuo, Xu Guomin, Xu Guangtian, Ren Zhigang, Zhu Yingjun

No.4 Oil Production Company of Daqing Oilfield Limited Company

Abstract: In order to find a more economical and efficient way for casing scale removal, the casing scale removal technology by high-pressure water jet has been studied. According to the scaling state of casing and operation conditions in strong-based ASP flooding producers, the special jet tool and hydraulic jet scale removal pipe string were designed through the indoor scale removal test by water jet and calculation of hydraulic parameters. The casing scale removal technology by high-pressure water jet has been applied in 25 wells; the average inner diameter of casing was restored to 121 mm; the average daily fluid increment of single well was 11. 7 t; and the daily oil increment was 1. 24 t. Good results were achieved. The casing scale removal technology by high-pressure water jet can meet the requirement for removing scale from the casing in strong-based ASP flooding producers, which provides the guarantee for the implementation of stimulation measures and acquisition of annulus data in serious scaling wells.

Key Words: strong-based ASP flooding; scaling; high-pressure water jet; spary jet tool; casing scale removal

Application of inner coated wear resistant tubing in screw pump wells

Li Jinan

Production Technology Institute of Daqing Oilfield Limited Company

Abstract: In order to solve the problems of serious eccentric wear between sucker rod and tubing in screw pump wells, the research and application of inner coated wear-resistant tubing in screw pump wells have been carried out. The inner coating material made from the reasonable ratio of synthetic diamond, epoxy resin and graphite composite has been developed, and the wear-resistant tubing with high performance and low cost for screw pump wells has been formed by the inner coating treatment technology. The application results showed that the wear resistance of the inner coated tubing was 14. 6 times that of N80 tubing, and the inner coating material was sprayed on the inner surface of tubing to form solid lubrication film, by which the friction coefficient and wear could be reduced in the process of friction. The application of wear-resistant inner coated tubing in screw pump wells can effectively reduce the wear between tubing and sucker rod, prolong the comprehensive service life and pump inspection cycle at least twice as well as the period by the serious eccentric wear between sucker rod and tubing in the past, which has remarkable economic benefits and broad application prospects.

Key Words: screw pump; sucker rod; eccentric wear between sucker rod and tubing; inner coating material; wear-resistant tubing; pump inspection cycle

Practice and application of hydraulic feedback pumping units

Zhang Lichen

Test Techniques Service Subsidiary of Daqing Oilfield Limited Company

Abstract: Hydraulic feedback pumping units are researched and applied in order to lower the intersection point between the lower pressured part and the upper pulled part of sucker rod in pumping wells, i.e. the neutral point of rod, downward to the position of pump unit, thus reduces the contact probability between sucker rod and tubing and achieves the goal of reducing eccentric wear, breakdown accidents and pump inspection in pumping wells. The fixing valve of hydraulic feedback pumping unit is designed as a loop. A piece of hydraulic rod whose diameter being larger than that of tubing is added below the plunger to make the pressure of hydraulic column forced on the hydraulic rod to form the downward pulling force during down stroking process, thus to lower down the neutral point, stretch the sucker rod, and make less or zero contact between sucker rod and tubing in order to prolong the service life of sucker rod and tubing. It has been applied to 4 wells in the field application, daily average liquid production of single well is increased by 8 t, submergence is decreased by 75 m, and alternating load is declined by 15. 27 kN. Field tests suggest that hydraulic feedback pumping units have effectively mitigated the problems of eccentric wear and breakdown of rods and tubing, powerfully promoted lifting technology of pumping wells to make its development better and faster.

Key Words: pumping well; eccentric wear; hydraulic; feedback; pumping unit

Drilling design optimization and operation of well Xushen 7 - Ping 1

Zhang Kai, Li Jifeng, Pan Rongshan, Bai Qiuyue, Tao Lijie

Production Technology Institute of Daqing Oilfield Limited Company

Abstract: The deep gas reservoirs in Daqing have such geological characteristics as deep burial, complex lithology and poor drillability, etc. In combination with the operation difficulties of horizontal wells, study on the drilling technology of well Xushen 7 - Ping 1 was carried out. Through the analysis of oil reservoir development plan, three target points were deployed in the target stratum. The length of horizontal section is more than 1200 m. The well borehole trajectory model, bit type, wellbore structure and drilling rig combination were optimized after considering various factors such as profile type, wellbore curvature, target front distance and the force on drill string comprehensively. Field application shows that the rig speed is increased by 112% and the footage of single-foot bit is increased by 61% in well Xushen 7-Ping 1 compared with the adjacent wells, so the operation effect has been improved obviously. The successful rig job of the well is another milestone in drilling operation of deep gas reservoirs in Daqing, which provides a reference for the similar well operation.

Key Words: well Xushen 7-Ping 1; target window range; wellbore trajectory; mechanical rig speed; wellbore structure; deep gas reservoirs in Daqing

Discussion on drilling technology for block Ta 21 in Mongolia

Zhou Liancai[1], Yang Jinlong[2], Zhu Jianjun[2], Ma Jinlong[2]

1. *Drilling Engineering Company of Daqing Oilfield Limited Company*;

2. *Production Technology Institute of Daqing Oilfield Limited Company*

Abstract: To deal with the increase of drilling difficulty, high risks and other problems since the implementation of adjustment wells in block Ta 21 of Mongolia, the research of drilling design optimization technology has been carried out. Through analyzing some field operation problems such as running depth of surface casing, pressure coefficient, drilled well capping & pressure reduction and so on, the pre-calculation by Landmark software is used to make drilling optimization design. Drilling design and operation of well N-1 in block Ta 21 of Tamchag basin had been effectively completed with high quality and efficiency through optimizing drilling tools combination and rational utilization of composite drilling schemes and other measures. The average mechanical drilling speed reached 25.89 m/h, and the qualities of well bore and cementing are qualified. It has further strengthened the guidance, scientificity and direction of drilling design for block Ta 21 in Mongolia, and provides reliable technical guarantee for safe and efficient drilling.

Key Words: block Ta 21; drilling design; combination of drilling tools ; drilled well capping & pressure reduction; mechanical drilling speed

Well completion optimization design for pilot test well of Sizhan gas storage group

An Zhibo

Production Technology Institute of Daqing Oilfield Limited Company

Abstract: The gas workload of pilot test well in Sizhan gas storage group is larger than that of normal gas production wells, and the pipe string is continuously subjected to alternating load in the process of strong injection and production, which will increase the failure risk of pipe string. In addition, the geological conditions of the Sizhan gas storage group are complex with serious corrosion on pipe strings. Therefore, the research on completion optimization design for pilot test well has been carried out. Several aspects have been discussed in detail, including structure of completion string, wellhead device, thread type, and material selection of production string, etc. The results show that the pilot test well of Sizhan gas storage adopts the integrated pipe string with TSH Blue tubing thread and production pipe string made of L80 material which meets the requirement of long-term safe operation for the pilot test well. The research provides some reference for the establishment of Sizhan gas storage group.

Key Words: gas storage; completion scheme; pipe string; alternating load; corrosion

Research on kill-job optimization design methods for injectors and producers by CO_2 flooding

Liu Kejun

Production Technology Institute of Daqing Oilfield Limited Company

Abstract: Aiming at the problems of high kill-job pressure and serious filtration loss of high density solid-free killing fluid in the injectors and producers by CO_2 flooding, the well killing methods have been optimized and designed. Optimization function targeted at the minimum fluid filtration loss was established through analyzing the relationship between parameter control and filtration loss in the process of pumping, and detailed computer programming steps were given. Optimization calculation was conducted on test wells with such approach, obtaining the optimum pump pressure of 8 MPa, flow velocity of 0.3 m^3/min, and killing fluid density of 1.30 g/cm^3. The reduced fluid filtration loss during the kill-job operation in the injectors and producers by CO_2 flooding has lowered the operation costs. The optimization provides vital guidance for the design and operation for the kill-job scheme in the injectors and producers by CO_2 flooding.

Key Words: solid-free well killing fluid; filtration; injectors and producers by CO_2 flooding; kill-job operation; optimization design

Development and application of the comprehensive testing machine for tension and torsion of sucker rod

Ma Qianhui

Production Technology Institute of Daqing Oilfield Limited Company

Abstract: In order to further improve the testing requirements of various kinds of sucker rod and other products for the tension, torque and comprehensive properties of tension and torsion, a compressive testing machine for tension and torsion of sucker rod has been developed. The machine mainly consists of three parts: mechanical part, hydraulic system and electrical control system. Its tension load is 1000 kN, torque load is 10000 N · m, and the sucker rods with the length ranging from 0.5 m to 11 m can be detected. It has also tested some sucker rods with different diameters and materials for the tension, torque and comprehensive test of the both in the oilfield. By testing the performance indexes of sucker rod, it showed that the tested sucker rod can meet the requirement of standards. The development of comprehensive test machine for tension and torsion can provide a technical support for keeping good quality of sucker rod in oilfield.

Key Words: sucker rod; testing machine; tension test; torque test; comprehensive test for tension and torsion

Application of intermittent pumping technology in oil production project of Hailar Oilfield

Liu Bao

Production Technology Institute of Daqing Oilfield Limited Company

Abstract: In order to cope with the rapid decline of production, insufficient fluid supply and low production and low efficiency in the low permeability block of Hailar Oilfield after putting into production, the application of intermittent pumping technology in oil production project of Hailar Oilfield was studied. Through investigating the existing intermittent pumping mode, analyzing its characteristics and existing problems, combining with the production change law in producers with low permeability reservoirs after fracturing operation, and carrying out the comparative tests in five blocks such as Bei 70, the intermittent power-balanced distribution cabinet with non-stop pumping is optimized in the design of oil production engineering schemes. Field application shows that the system efficiency of 56 wells using this equipment has increased by 3 percentage points and the pump efficiency has improved by 11.9 percentage points. The selection of the equipment can improve the relationship between supply and drainage, achieve high efficient production, and meet the requirement of implementing the intermittent pumping system after production decline, which has certain guiding significance for the selection of pumping modes in similar blocks in the future.

Key Words: intermittent pumping; low permeability oilfield; insufficient fluid supply; energy saving; high efficient development